American Chunk Cookie

李承原／著

美式手工餅乾

紐約名店の祕密食譜大公開！

簡單食材✕家用烤箱，在家做出鬆軟溫熱的世界級美味！

아메리칸 청크 쿠키:
뉴요커의 마음을 훔친 크리에잇쿠키의 시크릿 레시피

PROLOGUE

作者序

傳授簡單做又超美味的手工餅乾

「餅乾要吃熱的？」

「鬆軟又帶著一點嚼勁？」

第一次品嘗我們店裡餅乾的人，常常提出諸如此類的疑問，而我對於這樣的反應，其實很訝異。我記憶中的餅乾從來不是酥脆、冰冷的，而是會讓雙手沾滿巧克力、柔軟且厚實的熱呼呼餅乾。因為太想念在美國吃過的餅乾，所以在家鄉開了這間店。

在我們店裡，可以同時感受一口品嘗溫暖餅乾的幸福，以及親手做餅乾的成就感。沒錯，不管是吃餅乾或做餅乾，都是為了「幸福」，當那濃郁甜蜜的滋味融化在舌尖時，總會不自覺地讚嘆「好幸福啊！」而我想要把這份幸福的感覺，和更多人一起分享。

第一次做餅乾就上手

在烘焙料理中，最簡單、最快速且不需要特殊道具的，就是做餅乾。餅乾的魅力從製作麵團、烘烤的時候就開始了。做好的麵團可以分裝進冷凍庫保存，一個月內都能使用，想吃的時候只要取出烤 10 分鐘，就能快速完成。做餅乾不需要特殊的烘焙道具，材料也都能在一般超市購買。在美國，即使不是特殊節慶，大家也會常常在家烤餅乾。不過，這麼簡單的美式餅乾，在我們的日常生活中卻不常見。

現在我要告訴大家，在家就能夠做出超好吃美式餅乾的方法！透過本書，不僅可以學習麵團的基礎，還能進階學會「熱門配料創意餅乾」和 IG 上十分火紅的「獨家配方熱銷餅乾」。

紐約當地的第一手食譜

在美國唸書時，我常常和朋友一起做餅乾，後來簡直是做上癮，瘋狂試做了數百種食譜後，終於實驗出風味最棒、口感最佳的祕密食譜。事實上，餅乾的做法很簡單，要失敗也不容易，不管怎麼做，結果都不至於太糟。在我和朋友們瘋狂做餅乾、身材也逐漸變胖的同時，各種經典款和特製款餅乾便逐一誕生了。偷偷告訴你一個祕密，不管成果如何，只要空氣中充滿誘人的香味，搭配剛出爐的溫熱餅乾，在那幸福的氛圍下，試吃的人一定會說你的餅乾「超好吃」！

食譜是商業機密，為何公開？

本書收錄的餅乾，都有在我自己的店裡販賣，但我並不擔心公開食譜，客群就會從此消失，因為我認為一個品牌的核心價值在於傳遞喜悅和幸福。在我的餅乾店裡，甚至準備了圖畫紙、色鉛筆、樂高和餅乾工具組，我希望來到店裡的各位，都能放下手機和煩惱，動手製作餅乾、大口品嘗幸福。即使台灣的讀者可能無法親自前往位在首爾的 Cre8Cookies，也希望大家能透過這本書，隨時隨地享受這份喜悅。

滿滿的感謝！

托大家的福，Cre8Cookies 經過了口耳相傳，陸陸續續在首爾開了多間分店，受到更多人的喜愛。感謝願意信任我、放手讓我挑戰的家人；在餅乾店相遇、一起與我攜手烤餅乾至今的得力助手老公；全力幫助我、為我打氣的好朋友，以及和我一起成長的員工們，因為有你們，才能完成我的夢想。我們努力研發的食譜，都會在這本書中完全公開。

不用特殊工具，
也不需要特別的食材，
製作過程更是輕鬆。
我要誠摯送給您
真正美味餅乾所帶來的幸福。

Cre8Cookies 負責人
李承原

CONTENTS

PROLOGUE 作者序　　　　　　04

拜訪紐約最棒的餅乾店

Levain Bakery 樂凡麵包店　　　16
Cookie DŌ 餅乾麵團甜點店　　20
Insomnia Cookies 失眠餅乾店　24

從紐約到首爾的創意餅乾店

首爾人氣餅乾店 Cre8Cookies　　30
烤出完美餅乾的五大原則　　　34
準備工具　　　　　　　　　　36
基本材料　　　　　　　　　　40
輔助材料　　　　　　　　　　42
Q&A：我的餅乾怎麼會這樣？　44

Chapter 1　**經典不敗美式餅乾**

經典巧克力餅乾　　52

雙倍香濃巧克力餅乾　　*56*　　美式經典花生醬餅乾　　*60*　　OREO 巧克力夾心餅乾　*64*

白巧克力鮮草莓餅乾　　*68*　　酥脆燕麥穀片餅乾　　*74*　　全麥核桃香脆餅乾　　*78*

薄荷巧克力餅乾　　*82*　　三層起司鹹餅乾　　*86*　　夏威夷豆蔓越莓餅乾　*92*

Chapter 2　熱門配料創意餅乾

派對時光餅乾　　　102　　培根花生醬鹹餅乾　　106　　辣味洋芋片餅乾　　110

喜瑞爾五彩餅乾　　114　　榛果可可醬餅乾　　118　　花生草莓雙醬餅乾　　122

黑巧克力椰香餅乾　　126　　蝴蝶脆餅核桃餅乾　　130　　蘋果肉桂餅乾　　134

Chapter 3 　獨家配方熱銷餅乾

巧克力棉花糖小熊餅乾 *144*

彩虹巧克力棉花糖餅乾 *148*

奶油起司玫瑰餅乾 *152*

鮮草莓檸檬奶油餅乾 *158*

耶誕麋鹿餅乾 *164*

棉花糖餅乾蛋糕 *168*

招牌餅乾拿鐵 *172*

餅乾阿芙佳朵 *176*

Cookies

拜訪紐約最棒的餅乾店

Levain Bakery

樂凡麵包店

365 天都大排長龍的超人氣餅乾

這家餅乾店曾獲紐約時報和知名電視台評選為「此生必吃的巧克力餅乾」，每次造訪都需要排隊，排隊的人潮裡不只當地人，也包括來自世界各國的觀光客。Levain Bakery 的餅乾特徵是厚度驚人、內餡飽滿，入口的柔軟滋味更是出色。即使對台灣人來說，餅乾甜度幾乎讓人暈眩，但那獨特的風味和口感，還是讓人一口接一口、完全停不下來。接下來會介紹這家店的獨家配方，請大家在家裡試著做做看，感受一下紐約當地風味。品嘗過後，也許你就會明白，為何大家會為了一塊餅乾，心甘情願到這裡排隊。

SHOP INFO 167 West 74th street, New York
TEL +1-212-874-6080
OPEN 週一～六 8am~7pm / 週日 9am~7pm
MORE DETAILS https://www.levainbakery.com
INSTAGRAM @levainbakery

SIGNATURE RECIPE

BAKE TIME *烘烤時間*	**TEMPERATURE** *溫度*	**MAKES** *數量*
8 分鐘	190℃	12 個

INGREDIENTS

Wet Mix 溼料

無鹽奶油 225g
二號砂糖 200g
白糖 100g
雞蛋 2 個

Dry Mix 乾料

中筋麵粉 300g
太白粉 4g
鹽 2g

Topping 配料

牛奶巧克力 130g
黑巧克力 130g
核桃 250g

HOW TO MAKE

1 攪拌盆中放入無鹽奶油、二號砂糖、白糖,用手提攪拌機先慢慢攪拌,再緩慢加速,直到完全混合,顆粒感消失。

2 繼續放入雞蛋,以中速攪拌至均勻混合,即完成溼料。

3 在另一個攪拌盆中放入已過篩的中筋麵粉、太白粉以及鹽,以刮刀攪拌均勻成乾料。(過篩的目的是避免結塊。)

4 將步驟②的溼料中加入步驟③的乾料,以刮刀攪拌均勻,直到看不見顆粒,即完成麵團。

5 將配料中的牛奶巧克力、黑巧克力和核桃切成方便一口吃的大小,再放入步驟④中,以刮刀拌勻。

6 將完成的麵團均分成拳頭大小(約 100g),放在烤盤上,再放入已預熱到 190℃ 的烤箱中(或以 190℃ 加熱 10 分鐘),烤 8~10 分鐘,直到餅乾邊緣稍微呈焦黃色。從烤箱取出後,放置 10 分鐘以上,讓餅乾完全冷卻後即完成。

這道食譜降低了甜度,調整為比較適合亞洲人的口味。實際上,紐約 Levain Bakery 以超甜的口味自豪,如果想體驗真正的「美國味」,可以再增加二號砂糖 50g、白糖 50g。

Cookie Dō

餅乾麵團甜點店

看起來是冰淇淋，其實是餅乾麵團！

溼潤綿密的餅乾麵團，裝在甜筒裡享用，外型就像冰淇淋一樣。不只是在紐約，Cookie Dō NYC 在全美掀起了廣大旋風！或許你不知道，美國人在做餅乾時，最享受的事情之一，就是一邊做、一邊小口品嘗麵團！有鑑於此，Cookie Dō 便開發了能安全生食的麵團食譜。這個獨特的創意讓紐約人為之瘋狂，隨著報章雜誌大肆報導，漸漸成為風靡全美的排隊美食。常常可以看到店門口的人龍排到對街，以及戴著藍帽子的店員，用無線電在店外與店裡工作人員溝通的獨特景象。

—

SHOP INFO 550 LaGuardia Place, New York
TEL +1-646-892-3600
OPEN 週一店休 / 週二、三、日 10am~9pm
　　　　　　　 / 週四、五、六 10am~10pm
MORE DETAILS https://www.cookiedonyc.com
INSTAGRAM @cookiedonyc

SIGNATURE RECIPE

MAKES 數量

10 球（一球 50g）

INGREDIENTS

Wet Mix 溼料

無鹽奶油 113g
黑糖 50g
二號砂糖 50g
香草精 2g
牛奶 50g

Dry Mix 乾料

中筋麵粉 100g
椰子粉 30g
鹽 1g

Topping 配料

牛奶巧克力 100g

HOW TO MAKE

1 攪拌盆中放入無鹽奶油、黑糖、二號砂糖、白糖、香草精，用手提攪拌機先慢慢攪拌，再緩慢加到中速，攪拌約 4 分鐘，直到呈較白的奶油狀。

2 在烤盤上撒入乾料中的中筋麵粉，放入已預熱到 180℃的烤箱中（或以 180℃加熱 10 分鐘），烤 6 分鐘，使其達到殺菌的效果。

3 在另一個攪拌盆中放入烤過的中筋麵粉、椰子粉、鹽，以刮刀攪拌均勻成乾料即完成。（避免結塊，記得麵粉要先過篩。）

4 在步驟①的溼料中加入步驟③的乾料，再分 3~4 次加入牛奶，以刮刀攪拌均勻。

5 將牛奶巧克力切成方便一口吃的大小後，放入步驟④中，以刮刀拌勻。

6 放入冰箱擺放 4 小時以上，使其冷卻後即完成。

完成之後，就可以直接用湯匙挖起來吃，不過像冰淇淋一樣挖
成圓球狀，才有在店裡享用的感覺。另外，搭配冰淇淋一起品
嘗會更加美味。這家店和 Levain Bakery 一樣，以高甜度出名，
為配合一般人的口味，左頁的食譜也稍做調整，降低了甜度。
如果想要品嘗店家的原始風味，可以再增加二號砂糖 50g。

Insomnia Cookies

失眠餅乾店

深夜也能外送的現烤餅乾

在下班的路上聞到鹽酥雞的香味，常會讓人無法克制地買一包來吃吧？這裡要介紹的 Insomnia Cookies，對美國人來說，就像是鹽酥雞一般的國民美食。店家到半夜三點都會外送餅乾，尤其遇到大學考試週的時候，宿舍裡只要有一個人訂購，整棟宿舍就會接連點餐，而這樣的場景可說屢見不鮮。這裡的餅乾，口感如同媽媽親手現烤的滋味，深夜也能大快朵頤。

SHOP INFO 299 East 11th street, New York　*九間分店皆在紐約。

TEL +1-619-762-4610

OPEN 每日 9am~3am

MORE DETAILS https://insomniacookies.com

INSTAGRAM @insomniacookies

SIGNATURE RECIPE

BAKE TIME 烘烤時間	TEMPERATURE 溫度	MAKES 數量
8 分鐘	180℃	24 個

INGREDIENTS

Wet Mix 溼料	Dry Mix 乾料	Topping 配料
無鹽奶油 225g	中筋麵粉 290g	牛奶巧克力 260g
二號砂糖 200g	小蘇打粉 5g	
白糖 100g	鹽 2g	
雞蛋 2 個		
香草精 5g		

HOW TO MAKE

1　攪拌盆中放入無鹽奶油、二號砂糖、白糖,用手提攪拌機先慢慢攪拌,再緩慢加速,直到完全混合。

2　繼續放入雞蛋、香草精,以中速攪拌至均勻混合,即完成溼料。

3　在另一個攪拌盆中放入已過篩的中筋麵粉、小蘇打粉、鹽,以刮刀攪拌均勻成乾料。(過篩的目的是避免結塊。)

4　在步驟②的溼料中加入步驟③的乾料,以刮刀攪拌均勻。

5　將牛奶巧克力切成大方塊,再放入步驟④中,以刮刀拌勻。

6　將完成的麵團均分成 50g 大小,放在烤盤上,再放入已預熱到 190℃ 的烤箱中(或以 190℃ 加熱 10 分鐘),烤 8~10 分鐘,直到餅乾邊緣稍微呈焦黃色。從烤箱取出後,放置 10 分鐘以上,讓餅乾完全冷卻後即完成。

Cre8C

COOKIES N CREAM
쿠 엔 크

PEANUT B

피넛 버

ookies

從紐約到首爾的創意餅乾店

DOUBLE CHOCOLATE

더블 쵸콜렛

Cre8Cookies

首爾人氣餅乾店

晚來吃不到！視覺系療癒甜點
IG 網紅爭相打卡的人氣店家

將剛烤好的餅乾對折開來，爆漿巧克力馬上流瀉而出，沾上牛奶大口品嘗，讓人感到好幸福！有機會來到韓國，請務必光臨「Cre8Cookies」品嚐幸福餅乾。這裡以前面所介紹的紐約三大餅乾名店的食譜為基底，搭配亞洲人的口味以及容易取得的食材，研發出更新鮮、更美味的配方。店裡最具代表性的經典巧克力餅乾，用最高級的食材製作，不僅風味獨特，視覺上更是一大享受；造型特殊的「獨家餅乾拿鐵」是打卡率最高的甜點，如果在店裡享用的話，建議搭配以餅乾點綴的特色咖啡。

SHOP INFO 首爾市江南區德黑蘭路 25 街 36 號（本店）
TEL +82-2-558-8890
OPEN 平日 9am~9pm / 週末 11am~9pm
MORE DETAILS www.cre8cookies.com
INSTAGRAM @cre8cookies

EAT PECAN
밀 피칸
2,500

STRAWBERRY
스트로베리
₩ 2,500

LEMON STRAWBERRY
레몬 스트로베리
₩ 3,000

NEW

BEST SELLER

SMORE'S
스모어
₩ 3,500

COOKIES N CREAM

PEANUT BUTTER

DOUBLE CHOCOLATE

CHOCOLATE CH

GUT
the inside
of our body
under re

店名「Cre8Cookies」的唸法是「Create Cookies」，也就是「創造餅乾」之意，刻意改用數字「8」的諧音，更具有趣味性。老闆雖然不是一個甜食擁護者，卻很喜歡從做餅乾到品嘗餅乾的這一段甜蜜時刻。以自己想吃、想送給別人當禮物的心意出發，這裡的特色是具有綿密口感、甜而不死甜，讓你每一口都能發現到新的驚奇。

寫這本書的時候，很多人問我：為什麼要公開食譜？這不是店家的祕密嗎？其實，Cre8Cookies 不只是一家販賣餅乾的甜點店，我想讓它成為推廣特殊餅乾的品牌。讓更多人認識這些餅乾，進而想要在家或在咖啡店做餅乾，才是這個品牌的核心價值。當然，如果不想自己做麵團、烤餅乾

的話，隨時歡迎大家造訪 Cre8Cookies。Cre8Cookies 以基本麵團為基底，每一季都會開發新款餅乾，歡迎追蹤店家的 IG 帳號，即使是遠在台灣的讀者，也能欣賞最新的餅乾樣式。創造新品對我而言，也是一大樂事。

本書精選了店裡最受歡迎的 27 種餅乾，不僅收錄了用基本麵團製作的經典款，也包括加上裝飾、特殊口味、送禮首選的潮流款，目的是讓大家做出美味又特別的餅乾。最重要的是，即使零基礎、沒有烘焙經驗，任何人都能輕鬆做出夢幻餅乾。現在就翻開下一頁，請大家好好享受幸福的烘焙時光吧！

在美國任何超市都能買到餅乾麵團，放進烤箱烤 8 分鐘即完成，比煮泡麵還容易！享用親自烤出來的餅乾，就像擁有了全世界。因為想要和大家分享這種感覺，一開始我們也有販售麵團。不過，後來發現不少人覺得在家使用烤箱很麻煩，這就像要美國人每天用電鍋煮飯一樣。因此，在開設第二家分店時，我們在店裡準備了麵團、小烤箱以及各種配料，讓大家在店內體驗烤餅乾的樂趣，果然反應相當熱烈。如果有機會來到首爾，不妨來挑戰一下！

烤出完美餅乾的五大原則

烤餅乾的時候，請務必遵守以下五個原則！

1

巧克力等配料，
建議使用單吃也十分美味的
優質食材。

本書所介紹的食譜，
皆使用有機麵粉和
歐洲進口巧克力。

2

做麵團很簡單，
只要先準備加入液體食材的
「溼料（Wet Mix）」，
以及加入粉狀食材的
「乾料（Dry Mix）」，
再將兩者均勻混合就可以了。

3

將麵團分成小塊後，
再把配料放到
麵團上方。

這個步驟很容易被忽略，
卻是左右餅乾外型的
重要步驟。

4

麵粉、巧克力粉等粉類食材
都要事先過篩，
防止結塊。

5

所有材料皆使用磅秤精準測量，
以公克（g）當作計量單位，
不使用杯子或量匙。

乾料
Dry Mix

溼料
Wet Mix

準備工具
做餅乾前建議添購的基本工具

1　**網架**　將餅乾盤從烤箱取出後，放置於上散熱用。

2　**烘焙紙**　一種吸油紙，可以舖在烤盤上或放入蛋糕模，避免麵團黏著。也稱為料理紙。

3　**攪拌盆**　攪拌材料時使用的盛裝器具。書中需要分別攪拌溼料和乾料，因此至少需要兩個。攪拌盆的用途多元，如果事先備好各種尺寸，烘焙時更方便。由於有粉狀食材，建議選用尺寸較大的攪拌盆。

4　**橡膠刮刀**　取代手提攪拌機，用於將輔助材料拌勻以及整理麵團。

5　**攪拌棒**　用於攪拌麵團，尤其在攪拌粉狀材料時，使用攪拌棒來均勻混合材料，比較省力。

6　**濾網勺**　用來過濾粉狀材料（過篩），避免製作過程中結塊。

7　**巧克力加熱器**　不使用水，就能輕鬆加熱巧克力的工具。如果不想另外添購，也可以使用傳統的隔水加熱法。

8　**花嘴**　裝在擠花袋上，幫助做出造型裝飾的工具。形狀隨號碼而有所不同，書中使用的號碼為 2D。

9　**塑膠擠花袋**　盛裝奶油的容器，材質有塑膠和布兩種，書中使用透明的塑膠擠花袋，尺寸為 12 吋、14 吋兩種。

10 **電子秤** 用來正確測量食材重量。精確的計量是餅乾烘焙的核心，因此電子秤是必備用具。

11 **手提攪拌機** 食材的量比較多時，快速將食材拌勻的工具。可以調整速度，使用時請順著同一個方向旋轉，不要任意改變方向。

12 **蛋糕模** 幫助蛋糕塑型的工具。圓形是最基本的款式，號碼愈大，直徑也愈大。書中使用的是 1 號蛋糕模。

13 **單柄牛奶鍋** 書中在製作檸檬蛋黃醬時使用（見 P160），適合用於製作果醬與糖漿。

14 **瓦斯噴槍** 必須直火加熱時的工具，書中用於修飾棉花糖，以及讓奶泡上的砂糖變脆焦糖。

15 **計量杯** 用於正確測量液體。有各種大小，可依個人用途選購。書中主要使用 Pyrex 牌的計量杯。

16 **刀子** 用於切巧克力、堅果類等堅硬食材。

17 **刨刀** 用於將固態起司刨出絲狀。

18 **叉子** 用於刻劃餅乾上的圖案，建議使用叉尖較長的款式。

19 **製冰盒** 加在麵團中的果醬，可以先以製冰盒分裝成相同分量後再冷凍，使用時比較方便。推薦使用矽膠材質的製冰盒。

基本材料
做出美味餅乾必備的關鍵食材

1 **麵粉** 擔任幫餅乾塑形的重要角色。書中所有的麵粉都使用中筋麵粉。

2 **奶油** 奶油決定餅乾的風味和口感。書中都是使用無鹽奶油，再以鹽調味。如果使用一般奶油，就不需要加鹽。

3 **小蘇打粉** 讓餅乾麵團膨脹，同時帶出邊緣酥脆口感的膨脹劑。請務必測量出正確用量，使用前要先過篩，並且攪拌均勻。

4 **砂糖** 可依個人需求，加入黑糖、二號砂糖或白糖這三種。

5 **鹽** 使用無鹽奶油時，負責調味的材料。本書皆使用細鹽。

6 **雞蛋** 幫助維持餅乾的形狀。請盡可能使用新鮮雞蛋製作。

7 **薄荷精** 從薄荷葉萃取出的濃縮液，用來加在麵團裡。書中使用的品牌是 Nielsen Massey，雖然價格較高，但風味最清爽而強烈。台灣沒有販售此品牌，必須在海外網站訂購。

8 **香草精** 帶有濃郁香甜的香草味，能增添麵團風味。不過，如果使用不當，可能會有人工香料的味道，書中選用香味獨特的 Nielsen Massey 品牌。

輔助材料

決定餅乾風味的重要材料！雖然選用何種食材是個人自由，不過食材的品質好壞絕對會影響餅乾的口感。

1   **巧克力** 可以使用牛奶巧克力、黑巧克力、白巧克力等各種巧克力，餅乾的風味會隨巧克力而改變。為了確保品質，店裡使用的是比利時嘉麗寶巧克力（Callebaut）和法國法芙娜巧克力（VALRHONA）。

2   **可可粉** 可可粉是決定餅乾「色」和「香」的重要食材。特別推薦使用香氣濃郁、帶原始巧克力風味的法芙娜可可粉。若使用其他品牌，請注意要選用無糖可可粉。

3   **起司** 莫札瑞拉起司、切達起司、帕馬森起司等各種起司都能使用。推薦使用切達起司和帕馬森起司，切成小方塊，能感受特有的風味。

4 **蔓越莓乾** 蔓越莓乾帶有嚼勁，吃起來非常爽口，搭配堅果類十分美味。也可以用葡萄乾代替。

5 **花生醬** 書中選用吉比（SKIPPY）的顆粒花生醬。若不喜歡顆粒口感，也可以選用滑順口感的花生醬。

6 **冷凍乾燥草莓碎粒** 可以在好市多或網路上購得。草莓碎粒是讓餅乾視覺效果更豐富的一大功臣。

7 **餅乾** 餅乾當然也可以當餅乾的裝飾！這個發想是為了讓餅乾更具魅力，不妨多嘗試使用市面上的各種餅乾，例如 OREO。

我的餅乾怎麼會這樣？

以下收錄做餅乾的過程中，最常遇到的各種問題

Q1 餅乾烤好後，比想像中薄很多。

解決方法①：冷藏麵團

麵團完成後，放置冰箱或冷凍庫4小時以上，讓麵團變冷、變硬後再烘烤。麵團過軟或過糊的話，烤起來容易變得扁平。

解決方法②：烤箱預熱、提高溫度

請確實預熱烤箱後，才放入餅乾。如果烤箱已經預熱了，但餅乾還是太薄，可以提高烤箱的溫度。在溫度低的狀態烤，餅乾容易變薄。

解決方法③：減少小蘇打粉

製作麵團時，可以減少小蘇打粉的分量，因為小蘇打粉的作用，是讓麵團橫向膨脹。

Q2 餅乾的形狀凹凸不平。

解決方法①：烘烤前再整理一次麵團形狀

放入烤箱前，請確實將麵團揉成圓形。

解決方法②：烤一半時取出整理形狀

如果總共要烤8分鐘，烤4~5分鐘時，可以先取出，以湯匙將餅乾邊緣整理成圓形，不過這個動作要在1~2分鐘內快速完成，在餅乾變硬之前，再度放入烤箱烤。

Q3 餅乾的口感不夠溼潤。

解決方法①：減少烘烤時間

請稍微減少烘烤時間。讓餅乾維持溼潤口感的關鍵，就在於放入烤箱的時間。不管是哪一種麵團，烤太久都會變硬。

解決方法②：麵團不要拌太久

溼料加入乾料後，請別攪拌太久。加入麵粉後，要改用刮刀

攪拌，不要再使用攪拌機。因為麵粉若攪拌過久，會產生筋度，導致麵團變硬。

Q4 餅乾不夠熟或是烤焦了。

解決方法①：調整烤箱溫度

如果表面微焦、裡面未熟，請稍微降低烤箱溫度。如果裡外都沒有熟，請稍微提高烤箱溫度。

解決方法②：調整烘烤時間

如果餅乾裡外都沒有熟，請稍微提高烤箱溫度，或是增加烘烤時間。

解決方法③：預熱烤箱

請在烤箱確實預熱後，才將餅乾放入。

Q5 麵團不好攪拌。

解決方法①：讓奶油變鬆軟

將奶油切成 2cm 的方塊，放入微波爐加熱 30 秒到 2 分鐘，讓外型變得鬆軟後再使用。不過，請不要讓奶油完全溶成透明液狀，否則餅乾會變油膩，這點請務必留意。

解決方法②：分開攪拌

加入粉狀材料前的每個過程，都要充分攪拌。先將奶油和砂糖攪拌到顆粒感消失，再加入雞蛋，最後才與麵粉混合。如果將所有食材全部混在一起攪拌的話，雖然最後仍可以拌匀，但會花上很長時間，因此不建議這麼做。

Classic

Chapter 1

經典不敗美式餅乾

餅乾好吃的關鍵，
就在於「麵團」。
吃過我們店裡餅乾的客人，
都會異口同聲說：

「Cre8Cookies 的餅乾超好吃！」

最美味的獨家配方，現在完整公開！

我沒有正式學過烘焙，

為了找出真正美味的餅乾，

自己跟著網路上無數的食譜學，

失敗了數十次、數百次，

嘗試 500 多種餅乾配方後，

終於找到最適合亞洲人的口味——

外觀厚實、口感綿密、帶著甜味的「軟餅乾」。

餅乾的魅力，從製作麵團、烘烤時便開始了。

對沒事就會在家烤餅乾的紐約人來說，

烤餅乾早已融入了日常生活。

基本麵團加上配料，就完成獨一無二的餅乾。

只要確實揉好麵團，就離成功不遠了，

一起來做熱呼呼的美式餅乾吧！

溫 馨 小 叮 嚀
ー

每台烤箱的功能不盡相同，需要視情況調整溫度。如果餅乾烤 8~10 分鐘還沒
熟，可以稍微增加溫度；如果烤 7 分鐘表面就燒焦了，可以稍微降低溫度。
將餅乾烤到邊緣呈微焦狀態，才能嘗到最佳口感。若吃起來已經乾澀，建議
稍微減少烘烤時間。

TER

PPLE 🍎
CINNAMON

COOKIES &
CREAM ⊙

Classic Chocolate Chip

BEST

經典巧克力餅乾

嘗試過紐約時報推薦、美國最知名的 500 多種巧克力餅乾後，終於開發出這款適合亞洲人口味的巧克力餅乾。餅乾裡的巧克力就如同焦糖般附著舌尖，單吃就十分美味，也可以搭配其他配料，是最具代表性的美式餅乾。

BAKE TIME 烘烤時間	TEMPERATURE 溫度	MAKES 數量
8 分鐘	180℃	24 個

INGREDIENTS

Wet Mix 溼料

無鹽奶油 225g
黑糖 150g
白糖 150g
雞蛋 2 個
香草精 5g

Dry Mix 乾料

中筋麵粉 310g
小蘇打粉 4g
鹽 2g

Topping 配料

牛奶巧克力 130g
黑巧克力 130g

READY 事前準備

· 無鹽奶油可以放入微波爐加熱 1~2 分鐘，或常溫放置 4 小時以上，使其變得鬆軟。
· 牛奶巧克力、黑巧克力任意切成 1cm 以上的方形。

HOW TO MAKE

1　攪拌盆中放入無鹽奶油、以手提攪拌機攪拌 1 分鐘左右，直到呈奶霜狀。

2　加入黑糖、白糖，以中速攪拌 2 分鐘左右，至完全均勻混合。中途以刮刀刮盆底，直到顆粒感消失。

3　繼續放入雞蛋、香草精，以中速攪拌 2 分鐘左右，至完全均勻混合，即完成溼料。

4　在另一個攪拌盆中放入已過篩的中筋麵粉、小蘇打粉、鹽，以攪拌棒攪拌均勻，即完成乾料。（過篩的目的是避免結塊。）

5　在步驟③的溼料中分三次加入步驟④的乾料，並以刮刀攪拌均勻。
　　tip. 如果攪拌太久，餅乾會變硬，只要拌到粉粒感消失即可。

6　粉粒感消失後，加入事先切好的牛奶巧克力和黑巧克力拌勻。

7　麵團完成後，以保鮮膜包覆，放置冰箱冷凍 30 分鐘以上，再取出分成每個重量 50g 的大小，塑形成圓形。烤盤鋪上烘焙紙，以 5cm 的間距放置。
　　tip. 麵團要交錯放置，餅乾膨脹後才不會黏在一起。若大小不同，烘烤時會發生小的先熟、大的不熟的悲劇，因此務必將大小均分。

8　放入已預熱到 180℃ 的烤箱中（或以 180℃ 加熱 10 分鐘），烤 8 分鐘，直到餅乾邊緣稍微呈焦黃色。

這是最基本的餅乾，不論搭配什麼配料都很合適，可以盡情加入自己喜歡的食材。麵團做好不立刻烤也沒關係，先分裝成每個 50g 的大小，冷凍保存，想吃的時候再拿出來烤即可。不過，冷凍的麵團建議在一個月內食用完畢。在冷凍狀態烤的話，要多烤 2 分鐘，也可以在使用前一天放到冷藏室，稍微退冰。

Double Chocolate

雙倍香濃巧克力餅乾

如果想要品嘗滿嘴巧克力的幸福，非常推薦這款餅乾。麵團中加的可可粉不加糖，更能突顯巧克力本身的香氣和風味。如果喜歡偏甜的口味，可以增加巧克力的分量。

BAKE TIME 烘烤時間	TEMPERATURE 溫度	MAKES 數量
8 分鐘	180℃	24 個

INGREDIENTS

Wet Mix 濕料

無鹽奶油 225g
黑糖 150g
白糖 150g
雞蛋 2 個

Dry Mix 乾料

中筋麵粉 300g
可可粉 25g
小蘇打粉 4g
鹽 2g

Topping 配料

牛奶巧克力 130g
黑巧克力 130g

READY 事前準備

· 無鹽奶油事先放入微波爐加熱 1~2 分鐘，或放置常溫 4 小時以上，使其變得鬆軟。
· 牛奶巧克力、黑巧克力切成 1cm 以上的小塊。

1　攪拌盆中放入無鹽奶油、以手提攪拌機攪拌 1 分鐘左右，直到呈奶霜狀。

2　加入黑糖、白糖，以中速攪拌 2 分鐘左右，至完全均勻混合。中途以刮刀刮盆底，直到顆粒感消失。

3　繼續放入雞蛋，以中速攪拌 2 分鐘左右，至完全均勻混合，即完成溼料。

4　在另一個攪拌盆中放入已過篩的中筋麵粉、可可粉、小蘇打粉以及鹽，以刮刀攪拌均勻，即完成乾料。（過篩的目的是避免結塊。）

5　在步驟③的溼料中加入步驟④的乾料，並以刮刀攪拌均勻。
　　tip. 如果攪拌太久，餅乾會變硬，只要拌到粉粒感消失即可。

6　麵團呈深褐色後，加入事先切好的牛奶巧克力和黑巧克力拌勻，直到看不見粉粒。

7　麵團完成後，以保鮮膜包覆，放置冰箱冷凍 30 分鐘以上，再取出分成每個重量 50g 的大小，塑形成圓形。烤盤鋪上烘焙紙，以 5cm 的間距放置。
　　tip. 麵團要交錯放置，餅乾膨脹後才不會黏在一起。

8　放入已預熱到 180℃的烤箱中（或以 180℃加熱 10 分鐘），烤 8 分鐘，直到餅乾邊緣稍微呈焦黃色。

依據可可粉的不同，餅乾的色澤和香味也會不一樣。建議使用法國產的法芙娜可可粉，雖然價格較高，但成品會帶有濃郁的可可原始風味。也可以使用價格較親民、相對輕鬆取得的 HERSHEY'S 好時純可可粉，不過，若使用其他品牌的可可粉，或是無糖的可可粉（Unsweetened Cocoa Powder），要注意是否適合自己口味。

Peanut Butter

美式經典花生醬餅乾

每一次烘烤花生醬餅乾，都會讓整個屋子充滿花生醬的香味。在一個陽光灑落的午後，烤幾塊香氣誘人的餅乾，絕對能讓人打從心底溫暖起來！

BAKE TIME 烘烤時間	TEMPERATURE 溫度	MAKES 數量
8 分鐘	180℃	24 個

INGREDIENTS

Wet Mix 溼料

無鹽奶油 225g
花生醬 250g
黑糖 150g
白糖 100g
雞蛋 2 個

Dry Mix 乾料

中筋麵粉 330g
泡打粉 6g
小蘇打粉 6g
鹽 2g

READY 事前準備

· 無鹽奶油事先放入微波爐加熱 1~2 分鐘，或放置常溫 4 小時以上，使其變得鬆軟。

HOW TO MAKE

1　攪拌盆中放入無鹽奶油、以手提攪拌機攪拌 1 分鐘左右，直到呈奶霜狀。

2　加入黑糖、白糖，以中速攪拌 2 分鐘左右，至完全均勻混合。中途以刮刀刮盆底，直到顆粒感消失。

3　繼續放入雞蛋，以中速攪拌 2 分鐘左右，至完全均勻混合。

4　加入花生醬，以中速攪拌 2 分鐘左右，至完全均勻混合，即完成溼料。

5　在另一個攪拌盆中放入已過篩的中筋麵粉、泡打粉、小蘇打粉以及鹽，以刮刀攪拌均勻，即完成乾料。（過篩的目的是避免結塊。）

6　在步驟④的溼料中分三次加入步驟⑤的乾料，並以刮刀攪拌均勻，直到粉粒感消失。

　　tip. 如果攪拌太久，餅乾會變硬，只要拌到粉粒感消失即可。

7　麵團完成後，以保鮮膜包覆，放置冰箱冷凍 30 分鐘以上，再取出分成每個重量 50g 的大小，塑形成圓形。烤盤鋪上烘焙紙，以 5cm 的間距放置，再以叉子壓出格紋。

　　tip. 要用叉尖較長的叉子，才能壓得漂亮。

8　放入已預熱到 180℃的烤箱中（或以 180℃加熱 10 分鐘），烤 8 分鐘，直到餅乾邊緣稍微呈焦黃色。

花生醬也有各種品牌，建議使用吉比（SKIPPY）的顆粒花生醬。依據個人喜好，還可以加入其他堅果。如果喜歡融在口中的感覺，可以使用不含顆粒的花生醬，在超市和網路上都能購得。相較於其他口味，這款餅乾較不會膨脹，烤之前可以先塑形成自己希望的模樣，如此一來便能做出帶有個人風格的餅乾。

OREO 巧克力
夾心餅乾

Oreo Addiction

創作這款餅乾的原因，是喜歡 OREO 的滋味，又想吃到比 OREO 更大塊、更柔軟的餅乾，結果這款「用餅乾來做」的餅乾意外大受好評，成為超熱銷款。如果你也喜歡 OREO 餅乾，一定要試試看！

BAKE TIME 烘烤時間	TEMPERATURE 溫度	MAKES 數量
8 分鐘	180℃	24 個

INGREDIENTS

Wet Mix 濕料

無鹽奶油 225g
黑糖 100g
白糖 150g
雞蛋 2 個

Dry Mix 乾料

中筋麵粉 300g
小蘇打粉 4g
鹽 2g

Topping 配料

OREO 餅乾 27 塊

READY 事前準備

· 無鹽奶油事先放入微波爐加熱 1~2 分鐘，或放置常溫 4 小時以上，使其變得鬆軟。
· 將 15 塊裝飾用的 OREO 餅乾放入塑膠袋或夾鏈袋中，以杯底敲碎成 1cm 大小的方塊。
· 將剩下的 12 塊 OREO 餅乾全部切成 1/4 大小。

HOW TO MAKE

1　攪拌盆中放入無鹽奶油、以手提攪拌機攪拌 1 分鐘左右，直到呈奶霜狀。

2　加入黑糖、白糖，以中速攪拌 2 分鐘左右，至完全均勻混合。中途以刮刀刮盆底，直到顆粒感消失。

3　繼續放入雞蛋，以中速攪拌 4 分鐘左右，至完全均勻混合，即完成溼料。

4　在另一個攪拌盆中放入已過篩的中筋麵粉、小蘇打粉以及鹽，以攪拌棒攪拌均勻，即完成乾料。（過篩的目的是避免結塊。）

5　在步驟③的溼料中加入步驟④的乾料，並以刮刀攪拌均勻。
tip. 如果攪拌太久，餅乾會變硬，只要拌到粉粒感消失即可。

6　粉粒感消失後，放入事先搗碎的 15 塊 OREO 餅乾拌勻。

7　麵團完成後，以保鮮膜包覆，放置冰箱冷凍 30 分鐘以上，再取出分成每個重量 50g 的大小，塑形成圓形。烤盤鋪上烘焙紙，以 5cm 的間距放置。
tip. 麵團要交錯放置，餅乾膨脹後才不會黏在一起。

8　放入已預熱到 180℃的烤箱中（或以 180℃加熱 10 分鐘），烤 8 分鐘，直到餅乾邊緣稍微呈焦黃色。餅乾烤好後，取事先切成 1/4 塊的 OREO 餅乾，每片餅乾插入 2 小塊。

這款餅乾的口感和顏色，取決於加入其中的 OREO 餅乾有多碎。若加入很碎的 OREO 餅乾，餅乾整體會變乾燥，顏色也會偏黑；最適當的大小是約一個手指頭指節的大小，烤出來的成品最為美味。

所有餅乾都要在烤箱取出後立刻加入配料，才能固定在麵團中。可以依自己心情或喜好隨意裝飾，盡情發揮自己的藝術天分吧！

1

2 ···▶

3

4

5

6

7

8

Strawberry Dream

白巧克力
鮮草莓餅乾

草莓加在任何甜點裡都十分美味，不過要吃到口感紮實的草莓餅乾卻不容易，因為一旦加入果汁，餅乾就會變潮溼。因此這款餅乾的難度較高，不少人為了吃到這款餅乾，親自造訪店面。

BAKE TIME 烘烤時間	TEMPERATURE 溫度	MAKES 數量
8 分鐘	180℃	24 個

INGREDIENTS

Wet Mix 溼料

無鹽奶油 225g
白糖 280g
雞蛋 2 個
香草精 5g
冷凍乾燥草莓碎粒 40g
糖漿 40g
檸檬汁 20g

Dry Mix 乾料

中筋麵粉 320g
小蘇打粉 4g
鹽 2g

Topping 配料

白巧克力 70~100g
冷凍乾燥草莓碎粒 5g

READY 事前準備

· 無鹽奶油事先放入微波爐加熱 1~2 分鐘，或放置常溫 4 小時以上，使其變得鬆軟。
· 將白糖和水以 1:1 的比例放入鍋中，加熱至白糖完全融化，製作成糖漿。也可以直接使用市售糖漿。
· 可以將白巧克力微波加熱 1~2 分鐘，使其成液狀。加熱時，每 30 秒要取出巧克力均勻攪拌。
· 將糖漿和檸檬汁事先拌勻後備用。

HOW TO MAKE

1　攪拌盆中放入無鹽奶油、以手提攪拌機攪拌 1 分鐘左右，直到呈奶霜狀。

2　加入白糖、雞蛋和香草精，以中速攪拌 2 分鐘左右，至完全均勻混合。中途
　　以刮刀刮盆底，直到顆粒感消失。

3　在另一個攪拌盆中放入冷凍乾燥草莓碎粒，慢慢加入事先製作的糖漿和檸檬
　　汁拌勻。

4　在步驟②中加入均勻沾抹糖漿和檸檬汁的冷凍乾燥草莓碎粒，並均勻攪拌後
　　即為溼料。

5　在另一個攪拌盆中放入已過篩的中筋麵粉、小蘇打粉以及鹽，以刮刀攪拌均
　　勻後即為乾料。（過篩的目的是避免結塊。）

6　在步驟④的溼料中分三次加入步驟⑤的乾料，並以刮刀攪拌均勻，直到粉粒
　　感消失。
　　　tip. 如果攪拌太久，餅乾會變硬，只要拌到粉粒感消失即可。

7　麵團完成後，以保鮮膜包覆，放置冰箱冷凍 30 分鐘以上，再取出分成每個重
　　量 50g 的大小，塑形成圓形。烤盤鋪上烘焙紙，以 5cm 的間距放置。
　　　tip. 麵團要交錯放置，餅乾膨脹後才不會黏在一起。

8　放入已預熱到 180℃ 的烤箱中（或以 180℃ 加熱 10 分鐘），烤 8 分鐘，直到
　　餅乾邊緣稍微呈焦黃色，取出後放涼。

9　在餅乾上淋事先準備好的白巧克力。

10　在白巧克力凝固之前，撒上冷凍乾燥草莓碎粒。

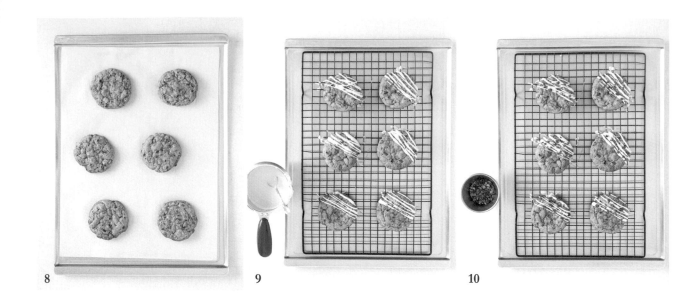

8　　　　9　　　　10

麵團加入果汁會變潮溼，成品會不好吃，因此為了維持餅乾的口感，建議選用冷凍乾燥草莓碎粒。不過，冷凍乾燥草莓碎粒只能在好市多或網絡上購得，一般超市不容易買到。檸檬汁使用現榨的最好，但如果沒時間或覺得太麻煩，使用市售檸檬汁也可以。

Granola Breakfast 酥脆燕麥穀片餅乾

嗅到淡淡的肉桂香，總讓人有身處秋天的心情。如果喜歡帶著甜味香氣、吃起來卻不會過甜的餅乾，或是早上想要品嘗清淡一點的口味，十分推薦這一款餅乾。穀物自帶的清淡香氣，讓人愛不釋手。

BAKE TIME 烘烤時間	**TEMPERATURE** 溫度	**MAKES** 數量
8 分鐘	180℃	24 個

INGREDIENTS

Wet Mix 溼料

無鹽奶油 225g
黑糖 150g
白糖 100g
雞蛋 2 個

Dry Mix 乾料

中筋麵粉 300g
肉桂粉 3g
小蘇打粉 4g
鹽 2g

Topping 配料

燕麥 300~350g

READY 事前準備

· 無鹽奶油事先放入微波爐加熱 1~2 分鐘，或放置常溫 4 小時以上，使其變得鬆軟。

HOW TO MAKE

1　攪拌盆中放入無鹽奶油、以手提攪拌機攪拌 1 分鐘左右，直到呈奶霜狀。

2　加入黑糖、白糖，以中速攪拌 2 分鐘左右，至完全均勻混合。中途以刮刀刮盆底，直到顆粒感消失。

3　繼續放入雞蛋，以中速攪拌 2 分鐘左右，至完全均勻混合後即為溼料。

4　在另一個攪拌盆中放入已過篩的中筋麵粉、肉桂粉、小蘇打粉以及鹽，以攪拌棒攪拌均勻後即為乾料。（過篩的目的是避免結塊。）

5　在步驟③的溼料中加入步驟④的乾料，並以刮刀攪拌均勻。

　　tip. 如果攪拌太久，餅乾會變硬，只要拌到粉粒感消失即可。

6　粉粒感消失後，加入燕麥 250~300g，並以刮刀攪拌均勻。

7　麵團完成後，以保鮮膜包覆，放置冰箱冷凍 30 分鐘以上，再取出分成每個重量 50g 的大小，塑形成圓形。烤盤鋪上烘焙紙，以 5cm 的間距放置，再放上剩下的燕麥。

　　tip. 麵團要交錯放置，餅乾膨脹後才不會黏在一起。

8　放入已預熱到 180℃的烤箱中（或以 180℃加熱 10 分鐘），烤 8 分鐘，直到餅乾邊緣稍微呈焦黃色。

推薦使用 KIRKLAND 的「ANCIENT GRAINS」燕麥，可以在好市多或網路上購得。如果買不到的話，用自己喜歡吃的品項替代即可，沒有限定要使用哪一個品牌。記住，餅乾中所有的配料都要加自己最喜歡的！

Whole Wheat Pecan

全麥核桃香脆餅乾

有時候想要吃點甜食，但又不想太甜，這個有點麻煩的要求，就用這款餅乾來幫你實現！全麥餅乾特有的淡淡甜味，搭配核桃的清脆口感，能夠滿足渴望，又不會帶來太多負擔。

BAKE TIME 烘烤時間	TEMPERATURE 溫度	MAKES 數量
8 分鐘	180℃	24 個

INGREDIENTS

Wet Mix 溼料

無鹽奶油 225g
黑糖 25g
二號砂糖 85g
白糖 60g
雞蛋 2 個

Dry Mix 乾料

全麥麵粉 250g
小蘇打粉 4g
鹽 2g

Topping 配料

核桃 120g
牛奶巧克力 60g
黑巧克力 60g

READY 事前準備

· 無鹽奶油事先放入微波爐加熱 1~2 分鐘，或放置常溫 4 小時以上，使其變得鬆軟。
· 核桃、牛奶巧克力、黑巧克力切成 1cm 以上的小塊。

HOW TO MAKE

1 攪拌盆中放入無鹽奶油、以手提攪拌機攪拌 1 分鐘左右，直到呈奶霜狀。

2 加入黑糖、二號砂糖、白糖，以中速攪拌 2 分鐘左右，至完全均勻混合。中途以刮刀刮盆底，直到顆粒感消失。

3 繼續放入雞蛋，以中速攪拌 2 分鐘左右，至完全均勻混合後即為溼料。

4 在另一個攪拌盆中放入已過篩的全麥麵粉、小蘇打粉以及鹽，以攪拌棒攪拌均勻後即為乾料。（過篩的目的是避免結塊。）

5 在步驟③的溼料中分三次加入步驟④的乾料，並以刮刀攪拌均勻。
   tip. 如果攪拌太久，餅乾會變硬，只要拌到粉粒感消失即可。

6 粉粒感消失後，加入事先切好的核桃、牛奶巧克力、黑巧克力，並以刮刀攪拌均勻。

7 麵團完成後，以保鮮膜包覆，放置冰箱冷凍 30 分鐘以上，再取出分成每個重量 50g 的大小，塑形成圓形。烤盤鋪上烘焙紙，以 5cm 的間距放置。
   tip. 麵團要交錯放置，餅乾膨脹後才不會黏在一起。

8 放入已預熱到 180℃的烤箱中（或以 180℃加熱 10 分鐘），烤 8 分鐘，直到餅乾邊緣稍微呈焦黃色。

超市販售的全麥麵粉和一般的麵粉味道差異不大，推薦使用美國產的鮑伯紅磨坊（BOB'S RED MILL）有機全麥麵粉，味道和香氣都非常濃郁，如果喜歡全麥的香味，不妨試試看，在網路上就能購得。

Better than 'Thin Mints'

薄荷巧克力餅乾

在美國的公共場所，常常會看見女童軍擺攤賣餅乾，為當地的女童軍單位募款，這種餅乾稱為「女童軍餅乾（Girl Scout Cookie）」。其中最受美國人歡迎的口味，就是薄荷口味（Thin Mints）。這款薄荷巧克力餅乾可以吃到清爽的甜味、柔軟的口感，搭配顏色漂亮的外型，讓你吃一口就上癮。

BAKE TIME 烘烤時間	TEMPERATURE 溫度	MAKES 數量
8 分鐘	180℃	24 個

INGREDIENTS

Wet Mix 濕料

無鹽奶油 225g
黑糖 150g
白糖 150g
雞蛋 2 個
薄荷精 5g

Dry Mix 乾料

中筋麵粉 300g
可可粉 20g
小蘇打粉 4g
鹽 2g

Topping 配料

薄荷巧克力 264g

READY 事前準備

· 無鹽奶油事先放入微波爐加熱 1~2 分鐘，或放置常溫 4 小時以上，使其變得鬆軟。
· 薄荷巧克力切成 1cm 以上的小塊。

HOW TO MAKE

1   攪拌盆中放入無鹽奶油、以手提攪拌機攪拌 1 分鐘左右,直到呈奶霜狀。

2   加入黑糖、白糖,以中速攪拌 2 分鐘左右,至完全均勻混合。中途以刮刀刮盆底,直到顆粒感消失。

3   繼續放入雞蛋、薄荷精,以中速攪拌 2 分鐘左右,至完全均勻混合後即為溼料。

4   在另一個攪拌盆中放入已過篩的中筋麵粉、可可粉、小蘇打粉以及鹽,以攪拌棒攪拌均勻後即為乾料。(過篩的目的是避免結塊。)

5   在步驟③的溼料中分三次加入步驟④的乾料,並以刮刀攪拌均勻。
    tip. 如果攪拌太久,餅乾會變硬,只要拌到粉粒感消失即可。

6   粉粒感消失後,加入事先切好的薄荷巧克力,並以刮刀攪拌均勻。

7   麵團完成後,以保鮮膜包覆,放置冰箱冷凍 30 分鐘以上,再取出分成每個重量 50g 的大小,塑形成圓形。烤盤鋪上烘焙紙,以 5cm 的間距放置,再放上切好的薄荷巧克力。
    tip. 麵團要交錯放置,餅乾膨脹後才不會黏在一起。

8   放入已預熱到 180℃的烤箱中(或以 180℃加熱 10 分鐘),烤 8 分鐘,直到餅乾邊緣稍微呈焦黃色。

美國最知名的薄荷巧克力品牌是「安迪士薄荷巧克力(Andes CRÈME DE MINTHE THINS)」,在台灣也很容易買到。深色包裝的「雙層薄荷巧克力(Andes MINT PARFAIT THINS)」更具薄荷味。因為風味和色澤關係,店裡主要使用深色包裝的「雙層薄荷巧克力」。

Triple Cheese

三層起司鹹餅乾

起司牽絲的模樣，總是讓人食指大動。這款起司餅乾不是使用普通的起司粉，而是不惜成本、總共使用了三種不同的起司！在冷冷的冬天裡吃這款熱呼呼的餅乾，絕對是世界上最幸福的事！

BAKE TIME 烘烤時間	TEMPERATURE 溫度	MAKES 數量
8 分鐘	180℃	24 個

INGREDIENTS

Wet Mix 溼料

無鹽奶油 225g
切達起司 250g
二號砂糖 100g
雞蛋 2 個

Dry Mix 乾料

中筋麵粉 240g
香蒜粉 4g
小蘇打粉 6g
鹽 4g

Topping 配料

莫札瑞拉起司 100~200g
切達起司 50~100g
帕馬森起司 50~100g
巴西利 少許

READY 事前準備

· 無鹽奶油事先放入微波爐加熱 1~2 分鐘，或放置常溫 4 小時以上，使其變得鬆軟。
· 切達起司和帕馬森起司可以先用刨刀或刨絲器削成絲狀。

HOW TO MAKE

1 攪拌盆中放入無鹽奶油、以手提攪拌機攪拌 1 分鐘左右，直到呈奶霜狀。

2 加入二號砂糖，以中速攪拌 2 分鐘左右，至完全均勻混合。中途以刮刀刮盆底，直到顆粒感消失。

3 繼續放入雞蛋，以中速攪拌 2 分鐘左右，至完全均勻混合。

4 加入刨好的切達起司，以刮刀拌勻後即為溼料

5 在另一個攪拌盆中放入已過篩的中筋麵粉、香蒜粉、小蘇打粉以及鹽，以攪拌棒攪拌均勻後即為乾料。（過篩的目的是避免結塊。）

6 在步驟④的溼料中分三次加入步驟⑤的乾料，並以刮刀攪拌均勻，直到粉粒感消失。

   tip. 如果攪拌太久，餅乾會變硬，只要拌到粉粒感消失即可。

7 麵團完成後，以保鮮膜包覆，放置冰箱冷凍 30 分鐘以上，再取出分成每個重量 50g 的大小，塑形成圓形。烤盤鋪上烘焙紙，以 5cm 的間距放置。

   tip. 麵團要交錯放置，餅乾膨脹後才不會黏在一起。

8 將麵團對半切開，中間放滿莫札瑞拉起司。

9 整理麵團形狀，將起司完全包覆，接著在上面撒上帕馬森起司。

10 在麵團上放切達起司，用手稍微用力壓，讓起司固定。

11 放入已預熱到 180℃ 的烤箱中（或以 180℃ 加熱 10 分鐘），烤 8 分鐘，直到餅乾邊緣稍微呈焦黃色，再撒上巴西利。

9

10

11

CRE8COOKIES NOTE

一口咬下可以吃到三種起司餡料,這樣的餅乾當然超級好吃!隨著選用的起司不同,味道也會有一點改變。帕馬森起司要選用方塊狀的,才能帶出特有風味,在大超市或網路上都能買到。不過,如果加了莫札瑞拉起司,建議當天就要食用完畢。如果想要延長食用期限,可以不加莫札瑞拉起司,如此一來便能放置2~3天。

Macadamia Cranberry

夏威夷豆蔓越莓餅乾

這是一款在美國非常受歡迎的國民餅乾。夏威夷豆和蔓越莓的組合，怎麼吃都不會膩。除了夏威夷豆和蔓越莓以外，還可以替換各式各樣的配料，這就是這款餅乾最大的魅力！如果想要享受健康無負擔的美味，這款餅乾再適合不過。

BAKE TIME 烘烤時間	TEMPERATURE 溫度	MAKES 數量
8 分鐘	180℃	24 個

INGREDIENTS

Wet Mix 溼料

無鹽奶油 225g
黑糖 150g
白糖 150g
雞蛋 2 個
香草精 5g

Dry Mix 乾料

中筋麵粉 310g
小蘇打粉 4g
鹽 2g

Topping 配料

白巧克力 150g
夏威夷豆 125g
蔓越莓乾 130g

READY 事前準備

· 無鹽奶油事先放入微波爐加熱 1~2 分鐘，或放置常溫 4 小時以上，使其變得鬆軟。
· 用刀子將夏威夷豆對半切開。
· 白巧克力要切得比夏威夷豆稍微大塊一些。

1   攪拌盆中放入無鹽奶油、以手提攪拌機攪拌 1 分鐘左右，直到呈奶霜狀。

2   加入黑糖、白糖，以中速攪拌 2 分鐘左右，至完全均勻混合。中途以刮刀刮
    盆底，直到顆粒感消失。

3   繼續放入雞蛋、香草精，以中速攪拌 2 分鐘左右，至完全均勻混合後即為溼
    料。

4   加入事先切好的白巧克力和蔓越莓乾，以刮刀拌勻。

5   在另一個攪拌盆中放入已過篩的中筋麵粉、小蘇打粉以及鹽，以攪拌棒攪拌
    均勻後即為乾料。（過篩的目的是避免結塊。）

6   在步驟④的溼料中分三次加入步驟⑤的乾料，並以刮刀攪拌均勻。
    tip. 如果攪拌太久，餅乾會變硬，只要拌到粉粒感消失即可。

7   麵團完成後，以保鮮膜包覆，放置冰箱冷凍 30 分鐘以上，再取出分成每個重
    量 50g 的大小，塑形成圓形。烤盤鋪上烘焙紙，以 5cm 的間距放置。在麵團
    上放對半切開的夏威夷豆 4~6 塊。
    tip. 麵團要交錯放置，餅乾膨脹後才不會黏在一起。

8   放入已預熱到 180℃的烤箱中（或以 180℃加熱 10 分鐘），烤 8 分鐘，直到
    餅乾邊緣稍微呈焦黃色。

這款餅乾最大的特徵，在於可以自由更換裝飾配料，例如不加蔓越莓乾，只加白
巧克力也無妨，此外，也能用杏仁、核桃等其他堅果取代夏威夷豆，不妨自己嘗
試一下全新口味的餅乾。餅乾沒有正確答案，隨心而做，就是做餅乾最大的樂趣。

Be Cre

ative!

Chapter 2 熱門配料創意餅乾

在媽媽房間的抽屜深處，

有許多未拆封的口紅、護手霜、飾品等小東西，

而抽屜的另一側，則是各式各樣的包裝盒。

媽媽很喜歡送大家小禮物，

而且一定會包裝得漂漂亮亮的，

托媽媽的福，我從小開始，

就很喜歡玩包裝。

長大後，我就和媽媽一樣，

即使不是特別的日子，也很喜歡送禮物。

不過我送禮的方式，是自己烤餅乾。

親手製作麵團、加上豐富配料，

每次都製作不同口味的餅乾，

每份禮物都是世界上最獨一無二的。

當我在美國留學時，只要口袋裡的錢足夠買麵粉，

就能送給大家這隨時隨地都能享用的香甜禮物。

只要加上各種配料，
簡單的麵團
就能變化出 100 款餅乾。

我開始烤餅乾的原因，
其實很單純，
就是希望用一種餅乾，
創造出 100 種幸福。

溫馨小叮嚀
———

本章收錄各種變化款餅乾，以第一章所介紹的各種麵團為基底，加上各式各樣的裝飾配料。做好的麵團能夠冷凍保存一個月，需要的時候取出，加上配料就能直接拿進烤箱烘烤。

Party Time

派對時光餅乾

這款餅乾有多種豐富配料,看起來色彩繽紛,令人垂涎欲滴。可以事先分裝好麵團和配料,假日午後邀請朋友、孩子們來家裡製作,和親朋好友一起做餅乾的每一分每一秒,就是最美好的「派對時光」。

BAKE TIME 烘烤時間	TEMPERATURE 溫度	MAKES 數量
8 分鐘	180℃	30 個

INGREDIENTS

Dough 麵團

經典巧克力餅乾麵團(P52)500g
雙倍香濃巧克力餅乾麵團(P56)500g
OREO 巧克力夾心餅乾麵團(P64)500g

Topping 配料

m&m 巧克力 40g
葵花子巧克力 30g
士力架巧克力棒 50g

Twix 巧克力棒 50g
堅果類(核桃、夏威夷豆等)50g
OREO 餅乾 50g

READY 事前準備

· 配料全部都切成 1cm 以上的小塊。
· 將三種麵團皆分成每個重量 50g 的大小,並塑形成圓形。

HOW TO MAKE

1　將配料分別裝入小碗中，方便拿取。

2　烤盤鋪上烘焙紙，以 5cm 的間距放置事先準備好的麵團。
　　tip. 一次放 4~6 個麵團，方便放上配料。

3　放入已預熱到 180℃的烤箱中（或以 180℃加熱 10 分鐘），烤 8 分鐘，直到餅乾邊緣稍微呈焦黃色。

4　餅乾一烤好，趁熱立刻放上事先準備好的配料即完成。
　　tip. 過 1~2 分鐘後，餅乾表面就會變硬，因此務必快速完成。

這款餅乾很適合在家裡招待朋友，或是週末和孩子一起製作。麵團加入巧克力，不管搭什麼配料都很適合，加上五顏六色的裝飾，看起來更有吸引力。儘管只是用普通的麵團加上裝飾，做出來的成品卻很像從專賣店買回來的產品。就如同餅乾的名稱一樣，盡情享受派對時光吧！

Sunny's Bacon Peanut Butter 培根花生醬鹹餅乾

我有一個從小在國外長大的好朋友，最喜歡的美式漢堡就是培根花生醬起司漢堡。某一天傍晚，朋友一進到店裡就喊著「培根～花生醬～！」因此激發了我做這款餅乾的靈感。這款餅乾讓我的朋友讚不絕口，一旦你嘗試過，保證你吃了絕對會上癮，每天都想要來一塊！

BAKE TIME 烘烤時間	TEMPERATURE 溫度	MAKES 數量
8 分鐘	180℃	10 個

INGREDIENTS

Dough 麵團

美式經典花生醬餅乾麵團（P60）500g

Topping 配料

培根 200~300g

READY 事前準備

· 將培根切成 1cm 的方形。
· 將美式經典花生醬麵團分成每個重量 50g 的大小，並塑形成圓形。

1   將培根放上平底鍋，以小火煎熟，注意避免燒焦。

2   烤盤鋪上烘焙紙，以 5cm 的間距放置事先準備好的花生醬麵團。在麵團上插入煎熟的培根塊。

    tip. 麵團要交錯放置，餅乾膨脹後才不會黏在一起。

3   放入已預熱到 180℃的烤箱中（或以 180℃加熱 10 分鐘），烤 8 分鐘，直到餅乾邊緣稍微呈焦黃色即完成。

建議使用厚度較寬的培根片，咀嚼的時候會感受到肉汁溢出，這就是美味的關鍵！雖然這在北美是很常見的口味，對於習慣吃甜餅乾的亞洲人來說，第一次品嘗時仍會大吃一驚。柔軟帶嚼勁的培根，讓人想搭配清涼的啤酒，不如今晚就試試這款餅乾吧！

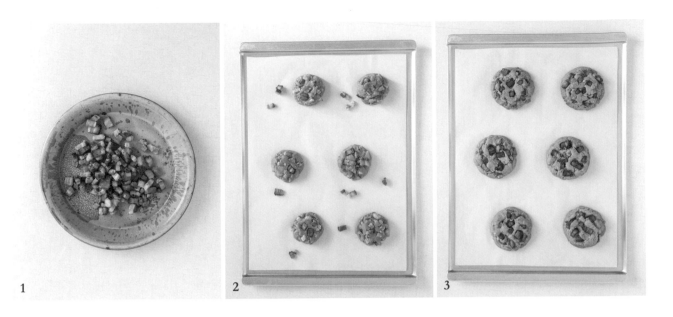

Chuck's Spicy Potato Chip

辣味洋芋片餅乾

在我們店裡，這款餅乾是一位長居韓國的美軍大叔最喜愛的口味。大叔每個禮拜四固定會來購買，外帶回去辦公室享用。只要店裡飄出香辣的洋芋片味，大叔都會立刻提著啤酒到店裡，指定購買這款「下酒菜」。

BAKE TIME 烘烤時間	**TEMPERATURE** 溫度	**MAKES** 數量
8 分鐘	180℃	10 個

INGREDIENTS

Dough 麵團

經典巧克力餅乾麵團（P52）500g

Topping 配料

洋芋片 130~150g
紐奧良香粉 2~6g
巴西利粉 少許

READY 事前準備

- 將洋芋片搗碎。
- 將經典巧克力餅乾麵團分成每個重量 50g 的大小，並塑形成圓形。

    tip. 每 50g 的麵團加入 2~3 塊巧克力，注意不要加太多，巧克力過多會影響洋芋片的口感。

HOW TO MAKE

1　將搗碎的洋芋片放入碗中。

　　tip. 要將洋芋片搗碎，吃的時候才不會刺到上顎。

2　加入紐奧良香粉並拌勻。

3　在步驟②中放入事先分好的麵團，讓麵團表面沾滿洋芋片。

4　烤盤鋪上烘焙紙，以 5cm 的間距放置沾滿洋芋片的麵團。放入已預熱到
　　180℃的烤箱中（或以 180℃加熱 10 分鐘），烤 8 分鐘，直到餅乾邊緣稍微
　　呈焦黃色。

　　tip. 麵團要交錯放置，餅乾膨脹後才不會黏在一起。

5　餅乾一烤好，就在上方撒碎洋芋片，並在上方插一塊大塊的洋芋片。

　　tip. 過 1~2 分鐘後，餅乾表面就會變硬，因此務必快速完成。

6　最後撒上巴西利粉即完成。

辣味洋芋片餅乾好吃的關鍵在於洋芋片的口感，比起薄片洋芋片，厚片且口感酥
脆的更佳。如果沒有紐奧良香粉（Cajun Spices，又稱為「卡疆」或「肯瓊香料
粉」，是美國紐奧良地區的特有香料），可以使用「BBQ 口味的洋芋片加鹽」替
代，不過還是最推薦紐奧良香粉。這款餅乾非常適合搭配啤酒和紅酒一起享用。

Cereal Addiction 喜瑞爾五彩餅乾

美國不像台灣這麼方便，通常出門購物都要開車才能抵達，因此我家一直備有好幾盒玉米片，餓的時候隨時可以吃。高中時代即使睡過頭，也一定要吃一碗牛奶加玉米片才願意出門。這款喜瑞爾五彩餅乾外酥內軟，充滿了兒時回憶。

BAKE TIME 烘烤時間	TEMPERATURE 溫度	MAKES 數量
8 分鐘	180℃	10 個

INGREDIENTS

Dough 麵團

經典巧克力餅乾麵團（P52）500g

Topping 配料

玉米片 80~150g

香果圈 80~150g

（也可以用可可力、格格脆、可可球等代替）

READY 事前準備

· 輕輕搗碎玉米片，注意不要搗太碎。

· 將經典巧克力餅乾麵團分成每個重量 50g 的大小，並塑形成圓形。

　　tip. 每 50g 的麵團加入 2~3 塊巧克力，注意不要加太多，巧克力過多會影響喜瑞爾的口感。

HOW TO MAKE

1   將搗碎的玉米片分別放入碗中。

2   在步驟①中放入事先分好的**麵團**，**讓麵團表面沾滿喜瑞爾**（玉米片和香果圈）。

3   烤盤鋪上烘焙紙，以 5cm 的間距放置沾滿喜瑞爾的麵團。放入已預熱到 180℃的烤箱中（或以 180℃加熱 10 分鐘），烤 8 分鐘，直到餅乾邊緣稍微呈焦黃色。

  tip. 麵團要交錯放置，餅乾膨脹後才不會黏在一起。

4   餅乾一烤好，就在上方撒喜瑞爾，並稍微壓一下固定即完成。

  tip. 過 1~2 分鐘後，餅乾表面就會變硬，因此務必快速完成。

一塊餅乾可以加很多種喜瑞爾，不過口味太多會讓味道變複雜，一塊最好加一種就好。甜味重的喜瑞爾遇上清淡爽口的餅乾，會帶出獨特的風味。沒有硬性規定要加哪一種喜瑞爾，依個人喜好添加即可。

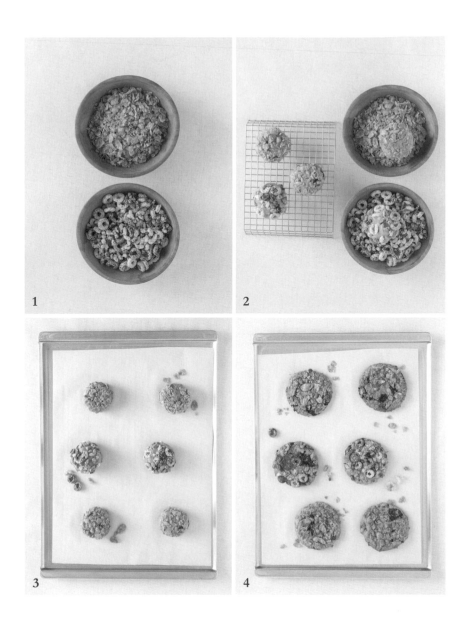

Nutella Heaven

榛果可可醬餅乾

對半切開這款餅乾，裡面的巧克力醬就會流洩而出，是一款夢幻爆漿餅乾。相信大家都品嘗過大名鼎鼎的 Nutella 榛果可可醬吧？這款「惡魔巧克力醬」總是讓人一吃就停不下來。想要打起精神的日子，就做這款餅乾吧！

BAKE TIME 烘烤時間	TEMPERATURE 溫度	MAKES 數量
8 分鐘	180℃	10 個

INGREDIENTS

Dough 麵團

美式經典花生醬餅乾麵團（P60）500g

Topping 配料

榛果可可醬 130g

READY 事前準備

· 將榛果可可醬分裝到製冰盒中，每格 10~13g，放到冷凍庫冷藏一小時以上。
· 將美式經典花生醬餅乾麵團分成每個重量 50g 的大小，並塑形成圓形。

HOW TO MAKE

1 　準備事先冷凍好的榛果可可醬。

2 　烤盤鋪上烘焙紙，以 5cm 的間距放置事先準備好的麵團。將麵團對半切開，在中間放 1 塊冷凍榛果可可醬。

　　tip. 麵團要交錯放置，餅乾膨脹後才不會黏在一起。

3 　將麵團包成火山口的錐狀，避免榛果可可醬流出。

　　tip. 放入榛果塊後，最好能先放進冰箱冷藏 30 分鐘以上，在冰涼的狀態下烤更好。

4 　放入已預熱到 180℃的烤箱中（或以 180℃加熱 10 分鐘），烤 8 分鐘，直到餅乾邊緣稍微呈焦黃色即完成。

先將榛果可可醬冷凍，做起來會更輕鬆。但如果臨時要做餅乾，可以直接用湯匙挖取 13g 的榛果可可醬加入麵團。一般家庭的湯匙大約都是這個大小，差異不會太大。

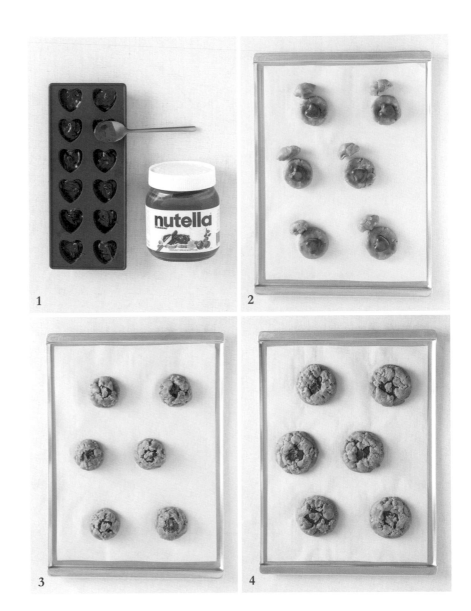

PB & J

花生草莓雙醬餅乾

這款餅乾變身自美國的國民早餐、點心、宵夜最受歡迎的菜單之一——花生草莓雙醬三明治，PB&J 就是 Peanut-Butter and Jelly 的縮寫。這道料理在美國十分普遍，無論是大人小孩都很愛吃。覺得這樣的搭配很奇怪的人，請一定要試試看，保證你一吃就愛上！

BAKE TIME 烘烤時間	TEMPERATURE 溫度	MAKES 數量
8 分鐘	180℃	10 個

INGREDIENTS

Dough 麵團

美式經典花生醬餅乾麵團（P60）500g

Topping 配料

草莓果醬 100g

READY 事前準備

· 將美式經典花生醬餅乾麵團分成每個重量 50g 的大小，並塑形成圓形。

HOW TO MAKE

1 烤盤鋪上烘焙紙，以 5cm 的間距放置事先準備好的麵團。

　　tip. 麵團要交錯放置，餅乾膨脹後才不會黏在一起。

2 將麵團對半切開，在中間放 10g 的草莓果醬。

3 將麵團包成火山口的錐狀，避免草莓果醬流出。

　　tip. 放入草莓果醬後，最好能先放進冰箱冷藏 30 分鐘以上，在冰涼的狀態下烤更好。

4 放入已預熱到 180℃的烤箱中（或以 180℃加熱 10 分鐘），烤 8 分鐘，直到
餅乾邊緣稍微呈焦黃色即完成。

這款餅乾的風味如何，關鍵是草莓果醬的品質。推薦使用法國產的 Bonne
Maman 綜合莓果醬（Four Fruit Preserve），這款果醬使用草莓、櫻桃、紅醋栗、
覆盆子等四種水果混合，比一般草莓果醬更酸、更帶嚼勁，不過缺點是放置一天
後，餅乾就會變潮溼，所以做好後務必盡快享用。

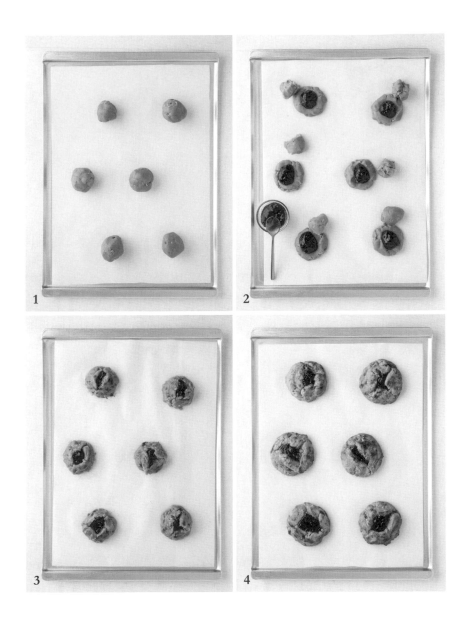

Coconut
Chocolate

黑巧克力椰香餅乾

椰子是個評價很兩極的食材,喜歡的人很喜歡,討厭的人則是完全無法接受。不過,身為一個椰子的愛好者,因為不喜歡市面上只買得到帶著椰子香的酥脆餅乾,因此開發了這款放上滿滿椰子脆片、又帶有巧克力味的柔潤口感餅乾。

BAKE TIME *烘烤時間*　　　　**TEMPERATURE** *溫度*　　　　**MAKES** *數量*

8 分鐘　　　　　　　　　180℃　　　　　　　　　10 個

INGREDIENTS

Dough 麵團

經典巧克力餅乾麵團(P52)500g

Topping 配料

椰子脆片 200g

READY　*事前準備*

· 將經典巧克力餅乾麵團分成每個重量 50g 的大小,並塑形成圓形。

HOW TO MAKE

1   將椰子脆片放入碗中後,放入事先分好的麵團,讓麵團沾滿椰子脆片。

2   烤盤鋪上烘焙紙,以 5cm 的間距放置沾滿椰子脆片的麵團。在麵團上另外撒
    上滿滿的椰片。

    tip. 麵團要交錯放置,餅乾膨脹後才不會黏在一起。

3   放入已預熱到 180℃的烤箱中(或以 180℃加熱 10 分鐘),烤 8 分鐘,直到
    餅乾邊緣稍微呈焦黃色即完成。

椰子脆片的種類很多,像照片中薄片的口感最好。如果希望椰子的味道更濃郁一
些,在製作麵團時,稍微減少巧克力的分量即可。椰子脆片可以在超市或在網路
上購得。

Oprah's Nutty Chocolate

蝴蝶脆餅核桃餅乾

「美國脫口秀女王」歐普拉最喜歡的餅乾，就是這款加入核桃和蝴蝶脆餅的巧克力餅乾。因為我十分好奇這樣的組合會產生什麼樣的口感，便自行研究出這一款食譜，熱熱的餅乾裡咬得到酥脆的蝴蝶餅，吃起來令人驚艷！如果能在前一天晚上事先做好，隔天早上搭配咖啡當作早餐，實在非常幸福。

BAKE TIME 烘烤時間	**TEMPERATURE** 溫度	**MAKES** 數量
8 分鐘	180℃	10 個

INGREDIENTS

Dough 麵團

經典巧克力餅乾麵團（P52）500g

Topping 配料

核桃 20 粒
蝴蝶脆餅 10~15 個

READY 事前準備

- 用手將全部的核桃和蝴蝶脆餅折成一半。
- 將經典巧克力餅乾麵團分成每個重量 50g 的大小，並塑形成圓形。

HOW TO MAKE

1 攪拌盆中放入事先準備好的核桃和蝴蝶脆餅。

2 烤盤鋪上烘焙紙，以 5cm 的間距放置事先準備好的麵團。

    tip. 麵團要交錯放置，餅乾膨脹後才不會黏在一起。

3 在麵團上插入核桃和蝴蝶脆餅。

4 放入已預熱到 180℃的烤箱中（或以 180℃加熱 10 分鐘），烤 8 分鐘，直到
   餅乾邊緣稍微呈焦黃色即完成。

以上食譜是歐普拉最喜歡的口味，配料的分量不一定要和上述的食譜一模一樣，
歡迎自行替換配料，做出符合自己喜好的餅乾。一種麵團可做成 10 種、100 種餅
乾，盡情發揮想像力吧！

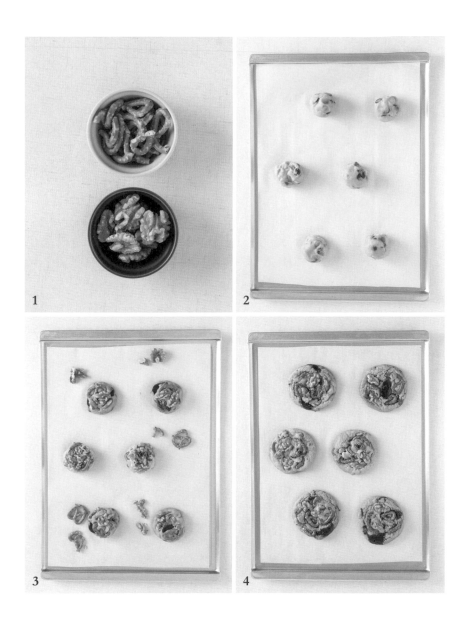

蘋果肉桂餅乾 Apple Cinnamon

當天氣開始轉冷，尤其節慶的季節到來，就會陸續在咖啡店裡看到肉桂飲料，麵包店裡也開始飄出蘋果派的香氣。也許是因為這樣，每當氣溫降低，我總會想起肉桂和蘋果的味道。以下要介紹的，就是帶有節慶氣息的蘋果肉桂餅乾。

BAKE TIME 烘烤時間	**TEMPERATURE** 溫度	**MAKES** 數量
8 分鐘	180℃	10 個

INGREDIENTS

Dough 麵團

酥脆燕麥穀片餅乾麵團（P74）500g

Topping 配料

蘋果 1 個

READY 事前準備

· 將酥脆燕麥穀片餅乾麵團分成每個重量 50g 的大小，並塑形成圓形。

1 將蘋果切成厚度 0.5cm、大小 3cm 的薄片。

   tip. 切太薄會喪失口感，太厚會讓餅乾變潮溼，務必參考照片的模樣切片。

2 在烤盤上擺滿蘋果，避免重疊擺放。放入已預熱到 150℃ 的烤箱中（或以 150℃ 加熱 10 分鐘）烤 15 分鐘，直到蘋果呈褐色。

   tip. 蘋果烘烤過會喪失水分，放到餅乾中才不會潮溼。

3 烤盤鋪上烘焙紙，以 5cm 的間距放置事先準備好的麵團。將麵團對半切開，放入 4~5 片烤好的蘋果。

   tip. 擺放時讓蘋果稍微往旁邊突出，完成後會看起來更美味。

4 蓋上另一側麵團後，在上方插 2~3 片蘋果。

5 放入已預熱到 180℃ 的烤箱中（或以 180℃ 加熱 10 分鐘），烤 8 分鐘，直到餅乾邊緣稍微呈焦黃色即完成。

用同樣的製作方式，可以用鳳梨、地瓜、南瓜等食材代替蘋果。這款餅乾既美味又營養，非常適合給小朋友吃。只要善用冰箱中的食材，10 分鐘就能輕鬆完成，看起來高雅又獨特。這個週末，不如就做蘋果肉桂餅乾當作點心吧？

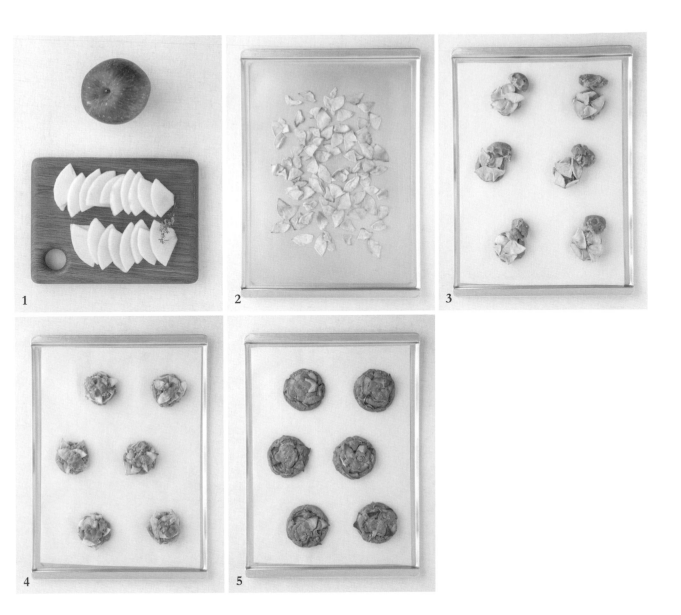

Chapter 3

獨家配方熱銷餅乾

「怎麼會有這麼特別的烘焙創意？」

Cre8Cookies 每季都會推出特色新品，

每當新產品上市，都會被這麼問。

傳遞創造的喜悅，一直是我們店裡的特色，

而這些出色的創意，不完全是我的創作。

親朋好友知道我開店後，

都會提供我各式各樣的想法。

我要做的事，只有洗耳恭聽而已。

在聊天之中得到的創意，

雖然無法完全實現，但仍舊很珍貴。

神奇的是，新奇的故事不斷出現，

而身為一個經營者，

所要做的就是專注聆聽他人的意見。

直到現在，店裡每天都會發生不同的故事，

可愛到捨不得吃的餅乾、人人堅持要先拍照才能吃的餅乾，

這裡要介紹的，全部都是 Cre8Cookies

最高人氣的特殊造型餅乾。

做餅乾沒有正確答案。
隨心而做，就是做餅乾
最大的幸福。

溫 馨 小 叮 嚀
—

遠在首爾的 Cre8Cookies 本店、IG 上火紅的熱門打卡餅乾，現在也能自己在
家製作了！書中提供的配料只是一種建議方式，製作上並沒有配料的嚴格限
制，歡迎自由做出變化。

Teddy Bear S'mores

巧克力棉花糖小熊餅乾

BEST

烤棉花糖巧克力夾心餅（S'mores）是美國最具代表性的露營點心。S'more 是「some more」的縮寫，因為棉花糖和巧克力加在一起的甜美滋味，讓這種點心贏得了「some more」（我還要吃）的可愛名稱。將現成食材和可愛的小熊餅乾重新組合，做出彷彿小熊沐浴在棉花糖裡的效果，每個人看到這款餅乾，都會驚呼「好可愛！」

BAKE TIME 烘烤時間	TEMPERATURE 溫度	MAKES 數量
2 分鐘	180℃	6 個

INGREDIENTS

Cookies 餅乾

雙倍香濃巧克力餅乾（P56）6 個

Topping 配料

棉花糖 12 個
小熊造型餅乾 24 個
彩色巧克力米 2g
牛奶巧克力 15g

READY 事前準備

· 將雙倍香濃巧克力餅乾麵團分成每個重量 50g 的大小，並塑形成圓形，接著放入已預熱到 180℃ 的烤箱（或以 180℃ 加熱 10 分鐘），烤 8 分鐘。
· 先將牛奶巧克力加熱成液狀。

HOW TO MAKE

1 用剪刀將棉花糖對半切開。從烤箱中取出雙倍香濃巧克力餅乾後，放到網架上放涼。

2 在每個餅乾上各放 4 塊剪好的棉花糖。

   tip. 如果餅乾上看起來很空，可以多放 1~2 塊棉花糖，棉花糖膨脹起來後要蓋住餅乾，看起來才會漂亮。

3 放入已預熱到 180℃的烤箱中（或以 180℃加熱 10 分鐘），烤 1~2 分鐘，讓棉花糖膨脹起來。

4 餅乾一烤好，在每個棉花糖的中央放上小熊造型餅乾，再用瓦斯噴槍噴出一點焦糖色（市售噴槍火力不一，使用前請先詳閱使用說明）。

5 在餅乾上淋牛奶巧克力。

   tip. 淋的時候要避開小熊餅乾，盡量淋在旁邊的棉花糖上。

6 最後在巧克力上均勻撒彩色巧克力米。

這款餅乾的視覺取決於小熊餅乾和彩色巧克力米，在網路上搜尋「小熊餅乾」和「彩色巧克力米」，就能找到很多類似產品，國外有販售顏色更繽紛的彩色巧克力米（美國稱為 Rainbow Sprinkles 或 Rainbow Jimmies），出國旅行時可以到超市參觀，如果保存期限夠長，不妨買回台灣存放。

Rainbow Marshmallow S'mores

彩虹巧克力棉花糖餅乾

因為巧克力棉花糖小熊餅乾大受歡迎，所以我又創作了另一款利用 m&m 巧克力加強視覺效果的餅乾，一推出就十分搶手。各大企業或學校辦活動時，經常指定訂購。如果要送禮的話，搭配巧克力棉花糖小熊餅乾，更是獨具魅力的絕佳組合，收到禮物的人一定會非常開心。

BAKE TIME 烘烤時間	TEMPERATURE 溫度	MAKES 數量
2 分鐘	180℃	6 個

INGREDIENTS

Dough 麵團

OREO 巧克力夾心餅乾麵團（P64）300g

Topping 配料

棉花糖 12 個
OREO 餅乾 6 個
迷你 m&m 巧克力 40g

READY 事前準備

· 將 OREO 巧克力夾心餅乾麵團分成每個重量 50g 的大小，並塑形成圓形，接著放入已預熱到 180℃的烤箱（或以 180℃加熱 10 分鐘），烤 8 分鐘。
· 將 OREO 餅乾全部切成 1/4 大小。

HOW TO MAKE

1　用剪刀將棉花糖對半切開。從烤箱中取出 OREO 巧克力夾心餅乾後，放到網架上放涼。

2　在每個餅乾上各放 4 塊剪好的棉花糖。放入已預熱到 180℃的烤箱中（或以 180℃加熱 10 分鐘），烤 1~2 分鐘，讓棉花糖膨脹起來。

　tip. 如果餅乾上看起來很空，可以多放 1~2 塊棉花糖，棉花糖膨脹起來後要蓋住餅乾，看起來才會漂亮。

3　餅乾一烤好，在棉花糖的中央放上 1/4 塊的 OREO 餅乾。

　tip. 放的時候要把餅乾的圓弧外邊朝向棉花糖。

4　再用瓦斯噴槍噴出一點焦糖色（市售噴槍火力不一，使用前請先詳閱使用說明）。

5　在棉花糖上放各種顏色的迷你 m&m 巧克力，並稍微按壓固定。

使用 OREO 巧克力夾心餅乾最對味，顏色也最搭，不過改用經典巧克力餅乾、雙倍香濃巧克力餅乾、薄荷巧克力餅乾也無妨。本書中總共介紹了搭配棉花糖的兩種餅乾，歡迎自由創作，相信大家一定能做出更可愛、更適合自己口味的「夢幻餅乾」！

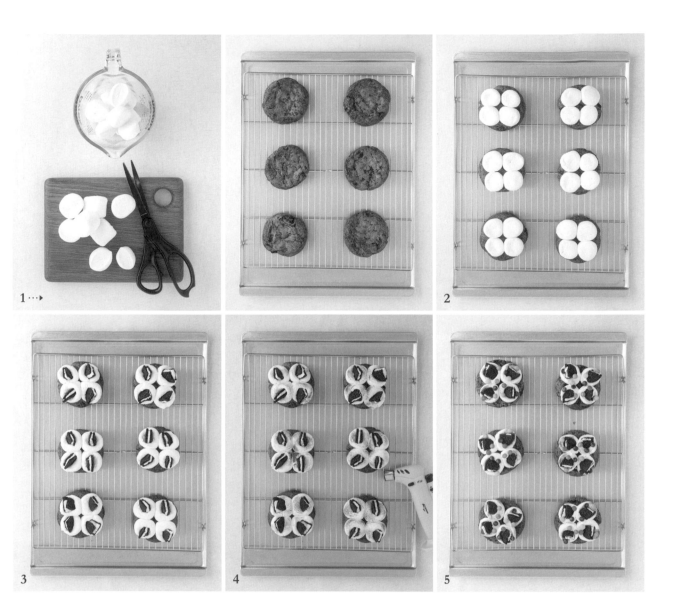

1 ⋯▸

2

3

4

5

Rosy Cream Cheese

奶油起司玫瑰餅乾

說個小祕密,其實我的餅乾創意靈感,很多都來自於澳洲的甜甜圈和美國的杯子蛋糕,奶油起司玫瑰餅乾就是從杯子蛋糕發想而來。這款餅乾就像是穿著華麗的洋裝,充滿浪漫風情,收到這款粉紅餅乾,絕對讓人心花怒放。

BAKE TIME 烘烤時間	TEMPERATURE 溫度	MAKES 數量
7 分鐘	180℃	10 個

INGREDIENTS

Dough 麵團

白巧克力鮮草莓餅乾麵團(P68)250g

Cream Cheese Icing 奶油起司糖霜

奶油起司 200g
無鹽奶油 50g
糖粉 90g
香草精 3g
紅色食用色素 少許

Topping 配料

珍珠糖 5g

READY 事前準備

· 將白巧克力鮮草莓餅乾麵團分成每個重量 50g 的大小,並塑形成圓形。
· 將奶油起司和無鹽奶油放在室溫 4 小時,成軟化狀態。
· 準備好三個擠花袋,其中兩個尺寸相同,另一個尺寸要稍微大一些。

CREAM CHEESE ICING

奶油起司糖霜製作方式

1 攪拌盆中放入無鹽奶油和香草精,以手提攪拌機攪拌 1 分鐘左右,直到呈奶霜狀。

2 將糖粉過篩後分三次加入,以低速拌勻。

   Tip. 若一次加入太多糖粉,或是攪拌機的速度過快,會改變糖的形狀,請務必注意。

3 加入軟化狀態的奶油起司,以中速攪拌 30 秒左右,奶油起司糖霜即完成。

   Tip. 若攪拌過久,奶油起司糖霜的口感會變差,只要拌到沒有結塊就可以了。

4 在兩個攪拌盆中平均放入奶油起司,其中一碗加入兩滴紅色食用色素,以手提攪拌機攪拌到呈現淡粉紅色。

5 將較大的那一個擠花袋的底部剪掉 3cm,裝上花嘴,作為最外層的擠花袋。

6 另外兩個擠花袋分別裝入一半步驟④所製作的奶油起司,接著在底端 2cm 處剪開。

   Tip. 若加入太多奶油起司糖霜,會導致無法同時放進外層的擠花袋。

7 在裝有花嘴的擠花袋內放入步驟⑥的兩個擠花袋,整理底端 2~3 次後,以手包覆,用拇指和食指擠壓,就可擠出雙色奶油起司。

   Tip. 如果三個擠花袋的尺寸都一樣,步驟⑥的奶油起司就要少加一點,否則無法順利放入兩個擠花袋。

1   烤盤鋪上料理紙，以 5cm 的間距放置事先準備好的麵團。
    Tip. 麵團要交錯放置，餅乾膨脹後才不會黏在一起。

2   放入已預熱到 180℃的烤箱中（或以 180℃加熱 10 分鐘），烤 6~7 分鐘，直
    到餅乾邊緣稍微呈焦黃色。從烤箱中取出餅乾後，放到網架上放涼。

3   雙手包覆裝奶油起司的擠花袋，以食指和拇指固定，從餅乾中間開始向外旋
    轉兩個圈，做出玫瑰花樣的奶油起司。

4   在奶油起司上放 5~6 顆珍珠糖。

如果是第一次擠奶油起司，可能會因為不熟練而導致失敗。建議第一次做好後不
要直接擠在餅乾上，先擠到盤子上練習看看，練習用的奶油起司可以再裝回擠花
袋內使用。
奶油起司放在常溫下 20~30 分鐘，會變成比較好擠壓的鬆軟狀態。不過，若放在
常溫下 4~5 小時，就有變質的可能，因此這款餅乾完成後務必要記得冷藏，而且
要當天食用完畢。

1

2

3

4

Lemon Curd Strawberry

鮮草莓檸檬奶油餅乾

在炎熱夏天的冷氣房中享用這款鮮草莓檸檬奶油餅乾，實在是人生一大幸福！將檸檬的清爽和草莓的柔軟搬到餅乾上，組合出絕妙滋味，搶眼的視覺效果，讓這款餅乾總是快速銷售一空。

BAKE TIME 烘烤時間	TEMPERATURE 溫度	MAKES 數量
10 分鐘	180℃	10 個

INGREDIENTS

Dough 麵團

白巧克力鮮草莓餅乾麵團（P68）500g

Lemon Curd 檸檬蛋黃醬

煉乳 195g
檸檬汁 100g
水 25g
吉利丁粉 2g
黃色食用色素 少許

- - - - - - - - - - - - - - - - - -

* 每 10 個餅乾約需要 100g 的檸檬蛋黃醬

Topping 配料

白巧克力 100g
冷凍乾燥草莓碎粒 5g

READY 事前準備

· 將白巧克力鮮草莓餅乾麵團分成每個重量 50g 的大小，並塑形成圓形。
· 先將白巧克力加熱成液狀。

LEMON CURD

檸檬蛋黃醬製作方式

1 在溫水中加入吉利丁粉仔細拌勻，放在常溫下 5 分鐘，確認表面是否如果凍般凝固。

2 在單柄牛奶鍋中加入 100g 檸檬汁，以中小火煮，稍微滾開後就立刻關火。

3 在吉利丁中加入熱檸檬汁，以攪拌棒攪拌至看不見吉利丁粉。接著加入煉乳拌勻。

4 加黃色食用色素 2~3 滴並拌勻。

  tip. 也可以另外多加 1~3 滴，做出自己希望的顏色。

檸檬蛋黃醬又稱為檸檬凝乳、檸檬酪，是一種甜抹醬，通常用於檸檬派的內餡。做好的檸檬蛋黃醬，可以冷藏保存 1~2 週。冷藏後會變成果凍般的硬度，使用前先用熱水加熱，即可回復到液狀。

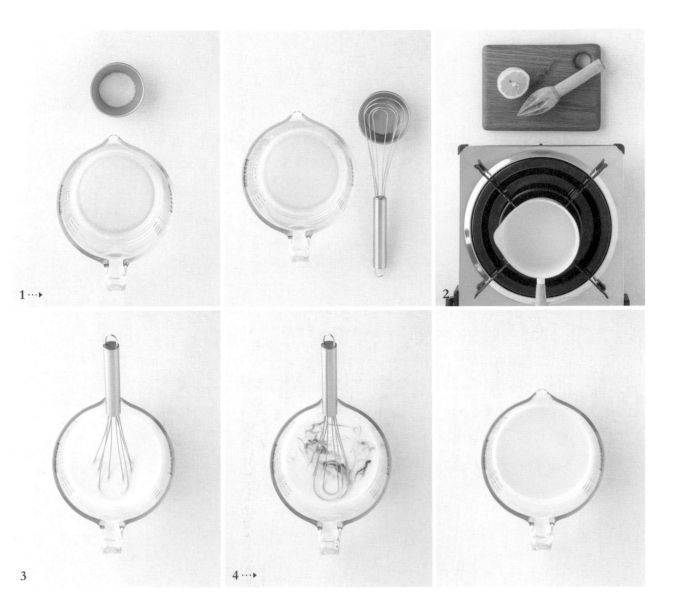

1 ···▶

2

3

4 ···▶

1 烤盤鋪上烘焙紙，以 5cm 的間距放置事先準備好的麵團。放入已預熱到 180℃的烤箱中（或以 180℃加熱 10 分鐘），烤 8 分鐘，直到餅乾邊緣稍微呈焦黃色。

2 從烤箱中取出餅乾後，以直徑 4cm 的乾淨玻璃杯底部壓入餅乾中央，做出放檸檬蛋黃醬的位置。

   tip. 壓到餅乾厚度的一半即可。如果下壓的時候餅乾出現裂痕，要再次重整形狀，否則加入檸檬蛋黃醬後，會從旁邊溢出來。

3 再次放入已預熱到 180℃的烤箱中（或以 180℃加熱 10 分鐘），烤 1~2 分鐘，形狀固定後取出，再用玻璃杯底部壓一次。

4 將液狀的檸檬蛋黃醬放入有斜口的杯子或容器。

   tip. 若檸檬蛋黃醬冷藏後變成果凍狀，請先用熱水加熱使其回復成液狀。

5 餅乾完全放涼後，在中間加入檸檬蛋黃醬，並冷藏 3 小時以上，確認檸檬蛋黃醬凝固成果凍狀。

6 在餅乾上淋已溶化成液狀的白巧克力。

7 在白巧克力上放冷凍乾燥草莓碎粒。

一般檸檬派使用的檸檬蛋黃醬做法更複雜，這裡介紹的自創配方不加雞蛋，也省略了難以在家製作的困難步驟，目標是讓初學者也能在家做出高級的味道，請放心挑戰，絕對比你想像中還要容易！

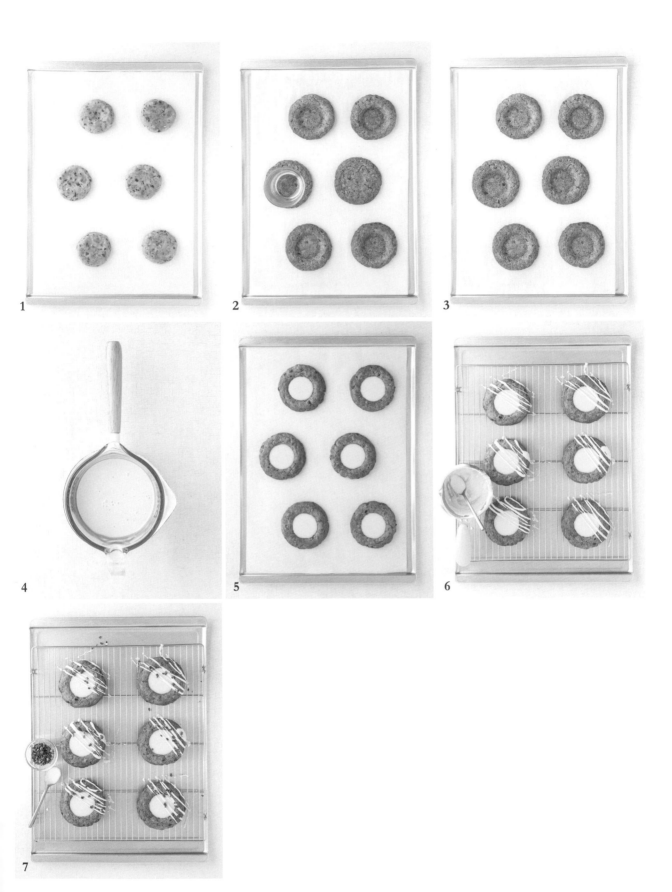

Christmas Rudolph

耶誕麋鹿餅乾

每到過節氣氛濃厚的 12 月，尤其是聖誕節前一週，不管大人小孩，都會指定購買帶有耶誕氣氛的餅乾。這款超受歡迎的耶誕麋鹿餅乾，自己就可以輕鬆完成，趕快一起來動手試試看吧！

BAKE TIME 烘烤時間	TEMPERATURE 溫度	MAKES 數量
8 分鐘	180℃	10 個

INGREDIENTS

Dough 麵團

美式經典花生醬餅乾麵團（P60）500g

Topping 配料

蝴蝶脆餅 20 個
紅色 m&m 巧克力 10 個
葵花子巧克力 20 個

READY 事前準備

· 將美式經典花生醬餅乾麵團分成每個重量 50g 的大小，並塑形成圓形。

HOW TO MAKE

1 烤盤鋪上烘焙紙，以 5cm 的間距放置事先準備好的麵團。放入已預熱到 180℃的烤箱中（或以 180℃加熱 10 分鐘），烤 7 分鐘，直到餅乾邊緣稍微呈焦黃色。

Tip. 盡量揉出光滑的麵團，做出來的麋鹿才不會有太多裂痕。

2 從烤箱中取出餅乾後，在上方兩側插上兩塊蝴蝶脆餅，做出麋鹿角。完成後再次放入已預熱到 180℃的烤箱中（或以 180℃加熱 10 分鐘），烤 1~2 分鐘。

3 餅乾出爐後，在中間稍往下的地方，壓上一顆紅色 m&m 巧克力，做出麋鹿的紅色鼻子。

4 在鼻子上方兩側壓兩顆葵花子巧克力，做出麋鹿的眼睛。

麋鹿角的地方可以改用 1/2 塊 OREO 餅乾，紅鼻子的地方可以改用咖啡色 m&m 巧克力，創造出可愛的感覺。運用這款餅乾的製作方式，就能變化出不同動物的臉。做好後拍照上傳，絕對會有大批網民按讚！

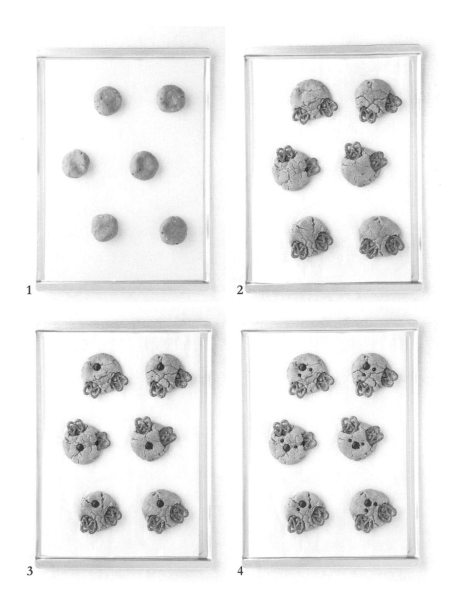

Signature
Cookie Cake

棉花糖餅乾蛋糕

在美國，把餅乾的材料做成蛋糕的大小是很常見的事，但在台灣卻很稀有。美國原版的餅乾蛋糕稍嫌粗糙，這一款經過我們研究改良，運用多種配料裝飾，不但讓口感升級，外型也像個漂亮的藝術品！

BAKE TIME 烘烤時間	**TEMPERATURE** 溫度	**COOLING TIME** 冷卻時間
25~30 分鐘	180 度℃	30 分鐘

INGREDIENTS

Dough 麵團

經典巧克力餅乾麵團（P52）300g
雙倍香濃巧克力餅乾麵團（P56）300g

Tools 工具

蛋糕模 1 號
瓦斯噴槍

Topping 配料

牛奶巧克力 100g
棉花糖 7 個
小熊造型餅乾 6 個
彩色巧克力米 5g

READY 事前準備

· 將經典巧克力、雙倍香濃巧克力餅乾麵團分成每個重量 50g 的大小，並塑形成圓形。
· 用剪刀將棉花糖對半切開。
· 先將牛奶巧克力加熱成液狀。

HOW TO MAKE

1 在蛋糕模底部鋪上烘焙紙。

2 將事先準備好的經典巧克力餅乾麵團鋪在外側，雙倍香濃巧克力餅乾麵團鋪在內側，並確實壓平、壓密實。

3 放入已預熱到 180℃ 的烤箱中（或以 180℃ 加熱 10 分鐘），烤 20~25 分鐘。用牙籤戳一下測試，確認沒有麵團沾黏，即可取出放涼 30 分鐘以上，放涼後再脫模。

4 在兩種餅乾的交界線上方，放上一圈棉花糖。

5 放入已預熱到 180℃ 的烤箱中（或以 180℃ 加熱 10 分鐘）烤 1 分鐘，讓棉花糖膨脹起來，再以瓦斯噴槍噴出一點焦糖色（市售噴槍火力不一，使用前請先詳閱使用說明）。

6 在棉花糖上淋已溶化成液狀的牛奶巧克力。

7 在棉花糖上插入小熊造型餅乾。

8 在棉花糖上均勻撒彩色巧克力米。

在特別的日子，可以列印出值得紀念的照片，用牙籤固定在蛋糕上，只要利用小小的裝飾品，就能帶出華麗的派對氛圍。和家人、朋友、情人一起在蛋糕上增添各種裝飾，留下美好的甜蜜回憶！

Signature Cookie Latte

招牌餅乾拿鐵

將餅乾當作飲料的一部分，是店裡最有人氣的代表飲品。這杯咖啡融合
柔軟的奶泡、酥脆的焦糖和熱呼呼的餅乾，充滿個性又獨具特色。享用
餅乾的時候，記得沾上一點奶泡，那美好的滋味一定會讓你忍不住一口
接一口！

INGREDIENTS

Base 基底

濃縮咖啡 35ml

牛奶 80ml

牛奶（奶泡用）100ml

煉乳 20g

冰塊 6~8 塊

砂糖 1g

餅乾 1/2 個

Tools 工具

瓦斯噴槍

瓶口不寬的長玻璃杯

HOW TO MAKE

1 以法式濾壓壺或奶泡機製作奶泡。

tip. 使用法式濾壓壺時，一開始要大力平壓 3~4 次，接著在牛奶表面 5cm 處輕輕平壓 15 次左右，就能成功打出綿密的奶泡。

2 在杯中倒入煉乳和牛奶，均勻攪拌至煉乳完全融化。

3 加入冰塊，慢慢倒入濃縮咖啡，做出雙層效果。

4 放上奶泡。

5 在奶泡上撒砂糖，再以瓦斯噴槍噴出一點焦糖色（市售噴槍火力不一，使用前請先詳閱使用說明）。

6 在玻璃杯上放半塊餅乾。

tip. 讓奶泡稍微往旁邊移，看起來也很棒。

平時珍藏的玻璃杯，可以在這個時候派上用場！透明玻璃杯可以透視漂亮的雙色，再加上可愛的圖案，不用費心多加其他裝飾，外型就十分討喜。記得挑選杯口不會過大的杯子，才能穩穩地放上餅乾。

Cookie Affogato

餅乾阿芙佳朵

阿芙佳朵（Affogato）是一種來自義大利的飲料，做法是將冰淇淋覆蓋在濃縮咖啡上面。如果再加上餅乾，簡直就是個完美組合！將這三樣東西組合起來好像很簡單，但光是把它漂亮地擺在一起，我們就花了一個季節，製作方式和擺設方法十分費工。現在，我們就來看看如何在家做出這款人氣飲品吧！

INGREDIENTS

Base 基底

香草冰淇淋 90g
濃縮咖啡 35ml
OREO 巧克力夾心餅乾（P64）1 塊
彩虹巧克力棉花糖餅乾（P148）1/4 塊

Tools 工具

小試管
瓶口不寬的長玻璃杯

HOW TO MAKE

1　在玻璃杯中加入香草冰淇淋 30g，並往底部壓到密實。

2　把 OREO 餅乾剝成方便一口食用的大小，放到冰淇淋上面。

3　在餅乾上放剩下 60g 的香草冰淇淋。

4　在試管內放入適量的濃縮咖啡，剩下的淋在冰淇淋上。

5　在冰淇淋旁邊斜插入試管，再放上 1/4 塊彩虹巧克力棉花糖餅乾。

　　tip. 裝飾用的餅乾，最好選用顏色繽紛的華麗款。

阿芙佳朵的成功祕訣，就在於冰淇淋！Cre8Cookies 店裡使用哈根達斯（Häagen-Dazs）的香草冰淇淋，當然也可以依據個人喜好，自行替換成別的品牌或口味。先將冰淇淋挖成球狀放進冰箱，使用時就不會太快融化，且能保持成品的乾淨。

上萬粉絲，引頸期待！
全台第一位具有頒發 KCDA 證書資格者，
韓國認證的裱花界指標———
〔 Anna Sweet Cake 〕
正式出書！

教你用豆沙特有的色澤質地，
以色彩學為原理配色，
打造比真花更自然的擬真花感。
從最好上手的杯子蛋糕，
到達人級大蛋糕的裝飾技巧，完整收錄！

從蛋糕、塔派到餅乾，40 道經過細細篩選的食譜，乃是專為每一雙「烘焙的手」而設計。
無論你是為家人張羅吃食的妻子、母親；是為戀人準備「禮物」的女朋友、男朋友；抑或，
是為留一份滿足與成就給自己；這本書，都將成為你廚房中最好的指引與陪伴。

台灣廣廈 國際出版集團
Taiwan Mansion International Group

國家圖書館出版品預行編目（CIP）資料

美式手工餅乾：紐約名店の祕密食譜大公開！簡單食材×家用
烤箱，在家做出鬆軟溫熱的世界級美味！/ 李承原著；陳靖婷譯.
-- 初版. -- 新北市：台灣廣廈, 2020.02
　　面；　公分.
ISBN 978-986-130-213-3（平裝）
1.點心食譜

427.16　　　　　　　　　　　　　　　　108021597

美式手工餅乾

紐約名店の祕密食譜大公開！簡單食材×家用烤箱，在家做出鬆軟溫熱的世界級美味！

作　　者／李承原	編輯中心編輯長／張秀環・執行編輯／周宜珊
翻　　譯／陳靖婷	封面設計／何偉凱・內頁排版／菩薩蠻數位文化有限公司
	製版・印刷・裝訂／東豪・弼聖・明和

行企研發中心總監／陳冠蒨	線上學習中心總監／陳冠蒨
媒體公關組／陳柔彣	數位營運組／顏佑婷
綜合業務組／何欣穎	企製開發組／江季珊

發 行 人／江媛珍
法 律 顧 問／第一國際法律事務所 余淑杏律師・北辰著作權事務所 蕭雄淋律師
出　　　版／台灣廣廈
發　　　行／台灣廣廈有聲圖書有限公司
　　　　　　地址：新北市235中和區中山路二段359巷7號2樓
　　　　　　電話：（886）2-2225-5777・傳真：（886）2-2225-8052

代理印務・全球總經銷／知遠文化事業有限公司
　　　　　　地址：新北市222深坑區北深路三段155巷25號5樓
　　　　　　電話：（886）2-2664-8800・傳真：（886）2-2664-8801
郵 政 劃 撥／劃撥帳號：18836722
　　　　　　劃撥戶名：知遠文化事業有限公司（※單次購書金額未達1000元，請另付70元郵資。）

■出版日期：2020年02月　　■初版4刷：2023年06月
ISBN：978-986-130-213-3